油田开发实用技术

于宝新 陈 刚 主编

石 油 工 业 出 版 社

内 容 提 要

本书引用大庆油田近五十年成功开采经验和部分国外油田开采经验，详细介绍了油气藏的开发与利用、油田注水、油田井网加密、油田稳油控水、油田水平井采油、油田增产增注、油田化学驱油等七个方面的技术内容，搜集、归纳和整理了有关技术的机理、实施过程的对策、措施方法的选择以及实际开发过程中应用效果和生产实例等。

本书可供从事油田开发的技术人员、管理人员使用，也可作为刚步入石油系统工作的大中专毕业生、岗位员工的培训教材。

图书在版编目（CIP）数据

油田开发实用技术/于宝新，陈刚主编．
北京：石油工业出版社，2010.2
ISBN 978-7-5021-7609-9

Ⅰ．油⋯
Ⅱ．于⋯
Ⅲ．油田开发
Ⅳ．TE34

中国版本图书馆 CIP 数据核字（2010）第 003813 号

出版发行：石油工业出版社
（北京安定门外安华里2区1号楼　100011）
网　　址：www.petropub.com
编辑部：（010）64523738
图书营销中心：（010）64523633
经　　销：全国新华书店
印　　刷：北京中石油彩色印刷有限责任公司

2010年2月第1版　2016年12月第2次印刷
787×1092毫米　开本：1/16　印张：9
字数：132千字

定价：40.00元
（如出现印装质量问题，我社图书营销中心负责调换）
版权所有，翻印必究

《油田开发实用技术》编委会

主　　　编：于宝新　陈　刚
副　主　编：佘庆东　孙品月
技　术　顾　问：隋新光　王　研
参加编写人员：刘英军　王广杰　肖书慧　王亚华
　　　　　　　李春祥　于艳梅　贾士昌　安新民
　　　　　　　金英兰　周海超　许爱玲　任建涛
　　　　　　　邸玉玲　孙　玲　霍苗苗　邓来栓
　　　　　　　胡国良　林　东　于小明　王彦梅
　　　　　　　肖书歧　路东华　赵冰梅　王笑春
　　　　　　　付丽杰　于国琴　刘晓辉　李艳慧
　　　　　　　何晓霜　秦笃国　时利祥　刘忠恒
　　　　　　　丁红霞　王　军　盛小云　李宝玉
　　　　　　　王明宏　赵玉波　张　杰　王洁平
　　　　　　　李景丽　刘洪涛　周　华　薛传玲
　　　　　　　任洪江　于冠宇　李晨岩　杨庆芬
　　　　　　　刘大伟　曹爱庆　孟祥杰　于　畅

前　言

当前，我国主产油田大多已进入高含水开采阶段，原油生产能力正处在逐年下降的阶段，油田开发调整、挖潜的难度也在不断加大。而伴随着全球石油价格的攀升以及我国现代科学技术和经济建设发展对石油依存、需求量逐年提高，迫切要求我们石油战线的管理者、科技管理人员更好地认识和开发好现已投入开采的油田，并使其尽可能地延续稳产时间，延长开采年限。

为了回顾油田的开发进程，全面总结油田开发、调整、管理经验，由大庆油田第一采油厂多年从事开发工作的专业技术骨干，历经两年多的时间编写完成了《油田开发实用技术》一书。

书中引用了大庆油田近五十年成功开采经验和部分国外开采经验，详细介绍了油气藏的开发与利用、油田注水技术、油田井网加密技术、油田稳油控水技术、油田水平井采油技术、油田增产增注技术、油田化学驱油技术等七个方面的技术内容。搜集、归纳和整理了有关技术的机理、实施过程的对策、措施方法的选择以及实际开发过程中的应用效果和生产实例等。

此书由浅入深，内容精湛，便于长期从事油田开发的技术人员、管理人员以及刚刚步入石油系统工作的岗位员工、大中专毕业生阅读，以此来回顾和了解油田开采历史、相应时期采取的技术手段和办法等，为今后的工作提供技术参考。同时，此书还可作为油田的培训教材使用。

在本书的编写过程中，得到大庆油田有限责任公司开发部，第一采油厂地质大队、工程技术大队、试验大队的领导及技术同行们的鼎力支持和帮助。此书完稿后，经大庆油田有限责任公司第一采油厂总地质师隋新光、总工程师王研审核，石油工业出版社技术专家亲自复审，并提出合理的修改、补充意见，在此同表示深切的谢意。

由于作者水平有限，书中难免存在一定的缺陷和问题，望有关专家、技术同行给予批评指正。

编　者
2009 年 11 月

目　　录

第一章　油气藏的开发与利用 …………………………………………（1）
第一节　一次采油 ………………………………………………………（1）
一、油藏的驱动类型 ……………………………………………………（1）
二、油藏的适应条件和开采特点 ………………………………………（6）
第二节　二次采油 ………………………………………………………（7）
一、油藏的驱油方式 ……………………………………………………（7）
二、油藏的适应条件、时机选择、开采特点 …………………………（8）
第三节　三次采油 ………………………………………………………（9）
一、油藏的驱油方式、驱油方法 ………………………………………（9）
二、三次采油的时机选择、开采特点 …………………………………（10）

第二章　油田注水技术 …………………………………………………（11）
第一节　油田注水 ………………………………………………………（12）
一、注水驱油机理 ………………………………………………………（12）
二、注水方式及方法的选择 ……………………………………………（14）
三、注采平衡 ……………………………………………………………（20）
第二节　油田分层注水工艺技术 ………………………………………（22）
一、分层注水 ……………………………………………………………（22）
二、分层注水的作用 ……………………………………………………（23）
三、分层注水工艺技术的发展和提高 …………………………………（23）
四、分层注水配套工艺技术 ……………………………………………（28）
第三节　油田注水管理工作 ……………………………………………（32）
一、注水后的跟踪分析 …………………………………………………（32）
二、注水方案的调整 ……………………………………………………（33）
三、注水井的日常管理 …………………………………………………（34）
四、注入水水质 …………………………………………………………（36）

第四节　注水开发油田的后期挖潜与调整 …………………………… (39)

第三章　油田井网加密技术 ……………………………………………… (41)
　第一节　剩余油 …………………………………………………………… (41)
　　一、剩余油的分布 ……………………………………………………… (41)
　　二、剩余油形成的主要影响因素 ……………………………………… (43)
　第二节　井网加密 ………………………………………………………… (44)
　　一、利用井网加密技术挖掘油田剩余油 ……………………………… (44)
　　二、井网加密层系的划分与组合 ……………………………………… (45)
　　三、井网的加密方式 …………………………………………………… (46)
　第三节　不同注采井网的开采特征 ……………………………………… (47)
　　一、基础井网 …………………………………………………………… (48)
　　二、一次加密井网 ……………………………………………………… (50)
　　三、二次加密井网 ……………………………………………………… (51)
　　四、三次加密井网 ……………………………………………………… (53)

第四章　油田稳油控水技术 ……………………………………………… (56)
　第一节　"稳油控水"技术的提出 ……………………………………… (56)
　　一、国外油田高含水期稳产的做法、存在的问题 …………………… (56)
　　二、我国大庆油田对实施"稳油控水"系统工程的认识 …………… (57)
　第二节　实施"稳油控水"所具备的条件和需要做好的主要工作 …… (58)
　　一、具备的条件 ………………………………………………………… (58)
　　二、做好"注水、产液、储采"三个结构调整工作 ………………… (58)
　第三节　影响"稳油控水"效果的主要因素及效果评价 ……………… (66)
　　一、影响因素与解决的办法 …………………………………………… (66)
　　二、效果的分析与评价 ………………………………………………… (67)

第五章　油田水平井采油技术 …………………………………………… (70)
　第一节　钻水平井采油 …………………………………………………… (70)
　　一、水平井的特征 ……………………………………………………… (70)
　　二、水平井的分类 ……………………………………………………… (72)
　　三、水平井完井过程的技术要求 ……………………………………… (77)
　第二节　不同条件下水平井的应用 ……………………………………… (78)

  一、水平井的应用范围 …………………………………………………（78）
  二、不同类型油藏水平井的应用 ………………………………………（80）
 第三节 国内、外水平井配套工艺技术的应用 …………………………（80）
  一、水平井开采技术 ……………………………………………………（82）
  二、国内、外油田水平井增产技术 ……………………………………（84）
  三、水平井举升工艺、生产测井技术 …………………………………（89）

第六章 油田增产、增注技术 …………………………………………（92）
 第一节 油层压裂改造技术 ………………………………………………（92）
  一、压裂增产机理 ………………………………………………………（93）
  二、油田应用的主要压裂办法 …………………………………………（93）
  三、压裂井、层及工艺方法的选择 ……………………………………（101）
  四、压裂效果的分析与评价 ……………………………………………（103）
 第二节 油层酸化解堵技术 ………………………………………………（104）
  一、酸化增产、增注机理 ………………………………………………（105）
  二、油田主要酸化方法的现场应用 ……………………………………（105）
  三、酸化井、层及工艺方法的选择 ……………………………………（111）
  四、酸化效果的综合评价 ………………………………………………（113）
 第三节 采油井堵水技术 …………………………………………………（114）
  一、采油井堵水的主要方法 ……………………………………………（115）
  二、堵水井、层的选择 …………………………………………………（116）
  三、堵水井施工后的效果评价 …………………………………………（116）
  四、堵水工艺新技术 ……………………………………………………（118）
 第四节 注水井调剖技术 …………………………………………………（118）
  一、注水井调剖的主要方法 ……………………………………………（118）
  二、调剖井、层的选择 …………………………………………………（120）
  三、调剖井施工后的效果评价 …………………………………………（120）

第七章 油田化学驱油技术 …………………………………………（123）
 第一节 聚合物驱油技术 …………………………………………………（123）
  一、聚合物驱油机理 ……………………………………………………（123）
  二、聚合物驱油技术的应用效果、经验 ………………………………（124）
 第二节 三元复合驱油技术 ………………………………………………（125）

一、三元复合驱油机理……………………………………………（125）
二、三元复合驱油技术的应用效果………………………………（126）
第三节 微生物驱油技术………………………………………………（127）
一、微生物驱油机理………………………………………………（127）
二、微生物驱油方法………………………………………………（128）
三、微生物注入要求、选井条件…………………………………（129）
四、微生物驱油的主要作用、应用效果…………………………（130）

参考文献……………………………………………………………（134）

第一章　油气藏的开发与利用

在一个天然油藏内储有一定的天然能量,其中包括边水和底水压头能量、原生气顶和次生气顶膨胀的能量、原油中溶解气释放和膨胀的能量、油层中原油的弹性能量等,这些能量都可以在一定的条件下释放出来,被人类加以利用。

半个多世纪以来,世界各国陆上油田都在不断探索在不同的油气藏内实施有效的开采方法,并依照油气藏的不同特征划分为三个不同的阶段,将初始阶段确定为"一次采油";第二阶段确定为"二次采油";第三阶段确定为"三次采油"。

第一节　一次采油

一次采油:是指利用油田自身具有的天然能量开采,不需要采取任何辅助措施,自然将石油由地下举升至地面的全过程。

一、油藏的驱动类型

不同油藏天然能量的类型和大小各不相同,驱动方式也不一样,在开采过程中的动态变化规律和开发效果也都有差异。

油藏驱动类型主要包括天然水压驱动、气顶气压驱动、溶解气驱动、重力驱动、压实驱动和弹性驱动等六种。

1. 天然水压驱动油藏

在原始地质条件下,天然水压驱动油藏的边部或底部与地下天然水域相连通,处于静止、平衡水压状态。当油藏投入开发以后,由于含油区产生的地层压降引起天然水域内的地层水和储层岩石膨胀,对油藏含油部分造成水侵,形成天然水压驱动。

天然水压驱动包括弹性水压驱动和刚性水压驱动两种。

弹性水压驱动驱油的动力,来源于油藏含油部分以外含水区域的水及岩石的弹性膨胀力,这种力边水无露头或有露头但水源供给不充足,同时还受到断层或岩性变化等因素影响,活跃程度不能弥补采出的速度。

刚性水压驱动驱油的动力,则来源于有充足的边水和底水作为供水动力。油层与边水或底水相连通,与油层的高位差较大,油水层具有良好的渗透性,水层有露头,且存在着良好的供水水源,在油、水区间没有断层遮挡。

刚性水压驱动能量供给充足,其水侵量完全弥补了液体采出量。弹性水压驱动则相反,当开采速度较大时,它可能向着弹性—溶解气驱混合驱动方式转化。

天然水压驱动通常发生在油藏含油部分距供水区不远,它的能量大小主要受供水区域的大小、发育的几何形状、油层的渗透率和孔隙度、油水黏度比以及地层水和岩石的膨胀系数等因素的影响(图1-1)。

天然水压驱动油藏具有油层渗透性好、油层原始压力高、饱和压力低等特点。利用天然水压驱动能量开采,要合理精心地确定好采液速度,保证各类油层充分受到供水区域(边水、底水)驱油效果的影响。

2. 气顶气压驱动油藏

气顶气压驱动油藏在投入开发前,有大量以压缩气形式的能量被储存下来。当油藏投入开发以后,流体在采出含油区范围内形成一定的压降,气顶气利用膨胀后与含油区间的压力差,以气驱并伴随重力排替方式推动石油流入井内(图1-2)。

第一章 油气藏的开发与利用

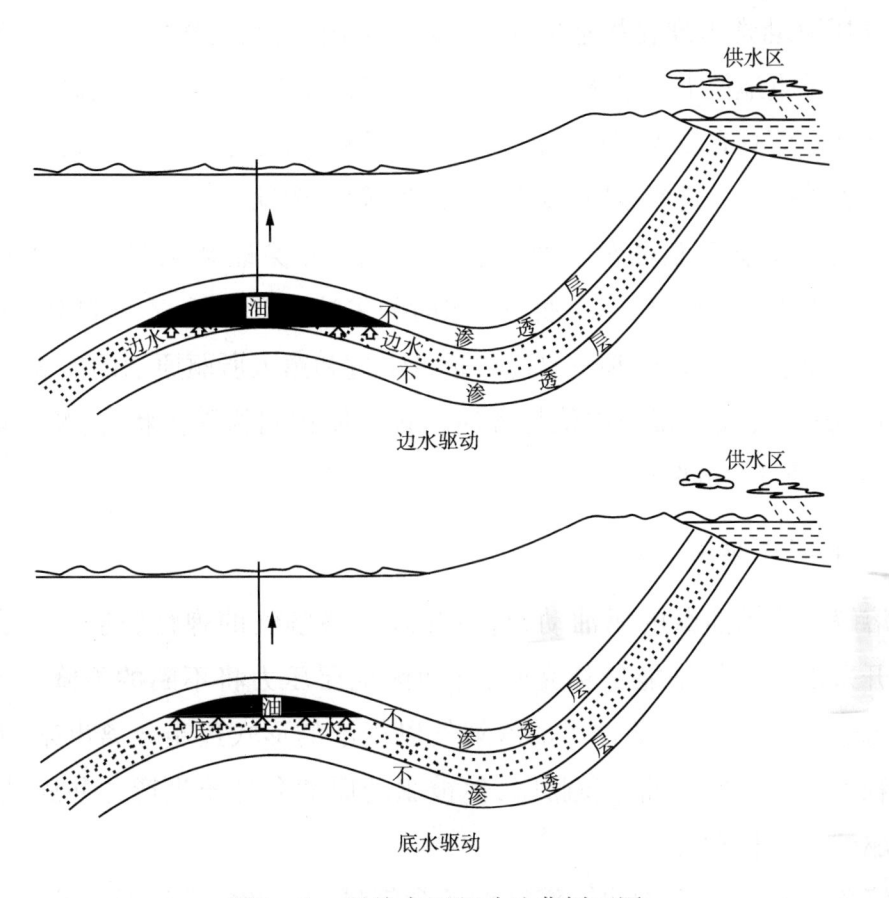

图 1-1 天然水压驱动油藏剖面图

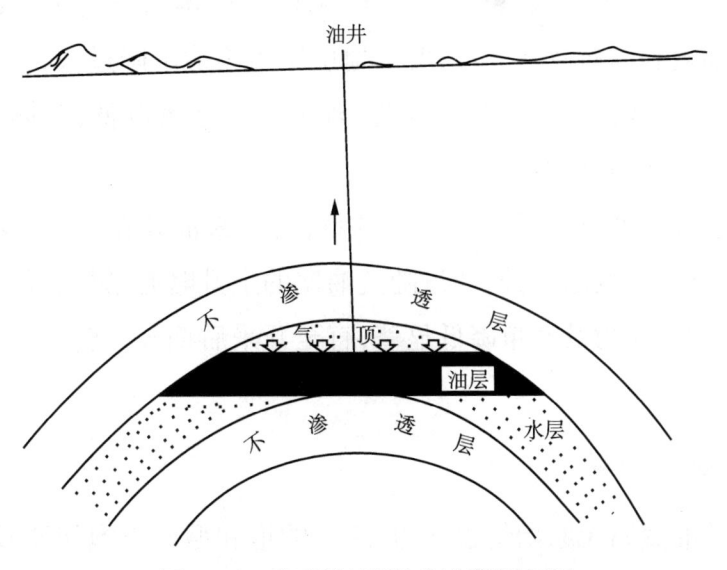

图 1-2 气顶气压驱动油藏剖面图

气压驱动常出现在构造完整、地层倾角较大,油气接触面的岩石构造均匀、连续;垂直地层上的渗透率和水平渗透率比较接近,而且比较高,原油黏度小的油藏。而具有较大气顶的油藏在开采过程中,由于气顶压力逐渐下降,当气顶压力消耗到一定程度时,就会转为靠溶解气驱动。

利用气顶能量驱油没有外来能量补充,要保证和满足气顶中储备能量——压力能,气顶气压驱动油藏开采时的采油速度要低,不能过高。因为过高的采油速度,会引起气顶气沿高渗透带绕过和窜入所驱原油的前面,形成气窜,由此破坏气顶区膨胀体积与含油区收缩体积间的平衡状态,减少驱油面积,降低气顶气驱的驱油效果。

3. 溶解气驱动油藏

溶解气驱动油藏的驱油动力,主要来自溶解气的弹性膨胀力。在油藏投入开采以后无外来能量补充时,含油区地层压力将不断的下降。当井底压力低于饱和压力时,原油中的溶解气以气泡的形式逐步分离出来,并在分离过程中引起地层原油体积膨胀,使被驱动原油向低压生产井井底处流动,成为驱油的一种动力。

溶解气驱油效率,取决于溶液中的含气量和原油的性质及油藏岩石的地质构造。对于油层性质差、渗透率低、地饱压差大、溶解气量大、没有气顶、边水不活跃的油藏利用溶解气驱油,要求地层压力不能下降过快,否则随着溶解气量的不断消耗,气体的相渗透率增加,油的相渗透率降低,气体会从原油中脱出,形成油、气两项流动。

利用溶解气驱油方式开采生产井的特征是:采油井在开采过程中油层压力不断下降,气油比逐渐上升,产量随气油比的上升略有增加。伴随着气油比的迅速上升,油层压力及产量降低显著,直至开采后期被迫转为其他驱动方式开采(图1-3)。

4. 重力驱动油藏

重力驱动油藏属无原始气顶和边、底水的饱和型或未饱和油藏,油藏储层倾角愈大、原油黏度愈低、垂向渗透率愈高,驱油的效果愈好。

第一章　油气藏的开发与利用

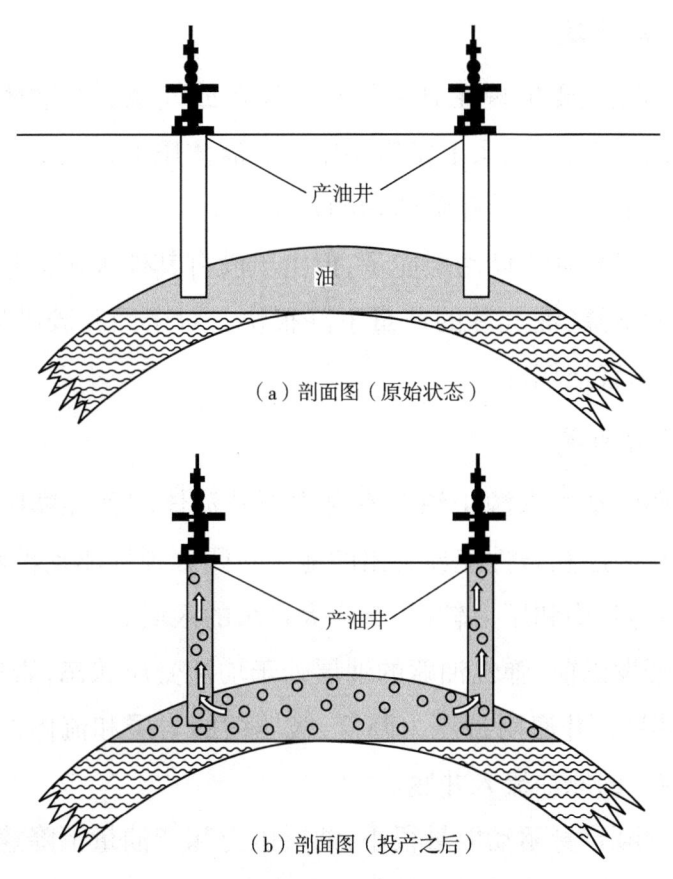

（a）剖面图（原始状态）

（b）剖面图（投产之后）

图 1-3　溶解气驱动油藏剖面图

重力驱动石油靠自身的重力作用，从油层高处流向低处而渗入井底。重力驱动方式一般出现在油田开发末期，因为在此前一切驱动能量已消耗殆尽，驱动能量很小，此时气体必须运移到构造上部或地层顶部以充填先前被油占据的空间。

利用重力驱动的油田，采油井几乎都不能自喷，一般只能靠机械或提捞方式开采。因此，重力驱动是一个缓慢的开采过程（图1-4）。

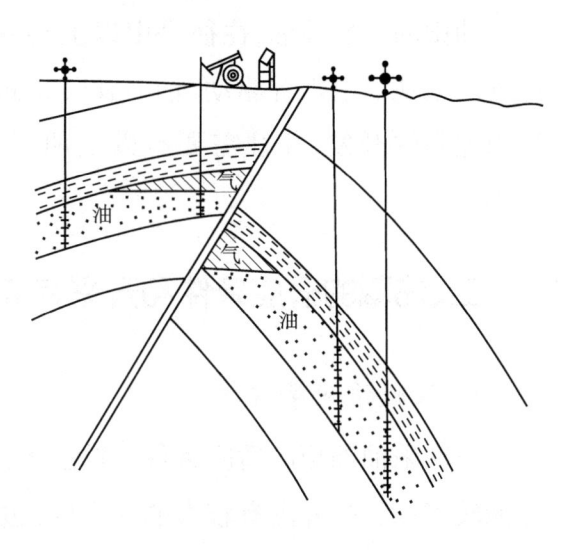

图 1-4　重力驱动油藏剖面图

5. 压实驱动油藏

压实驱动油藏主要出现在异常的高压油藏或气藏。在油藏投入开采后，由于流体压力的下降，增加了上覆岩层压力与流体压力之间的差异，导致储层岩石颗粒的弹性膨胀和有效孔隙体积的减小。

压实驱动方式能补充储油层能量，但由于没有其他来源能量的补充，伴随着油层渗透率的下降，油气井的产量下降很快。对于固井胶结质量比较差的井段，还易造成套管损坏。

6. 弹性驱动油藏

弹性油藏驱油动力来源于油藏本身岩石及流体的弹性膨胀力，多半没有供水区或本身被断层和岩性变异突出的地区封闭。弹性驱动油藏主要分布在原始地层压力较高、饱和压力较低、有广大含水的区域。

油田投入开发以前，弹性油藏的油层处于均衡受压状态，岩层和流体被压缩。当钻开油层后，井底附近压力降低，被压缩的岩层和流体发生膨胀，孔隙缩小，促使孔隙中的原油流入井底。

弹性驱动油藏自身驱动能量很小，油层压力和产油量下降速度也很快，利用其能量开采很难实现较长时间的高产和稳产。

油田的一次采油，往往是由以上某一驱动方式来完成驱动地下原油的全过程。纵观以上六种驱动，油藏在开采过程中单一方式很难形成规模。一个油田完整的开发，往往需要有以上两三种油藏驱动方式同时存在方可起到作用。

二、油藏的适应条件和开采特点

1. 油藏适应条件

一次采油油藏的适应条件：首先，天然能量充足，油层分布比较均匀，连通性能较好；其次，外围有较大的含水区，边水活跃，有相当大的气顶；另外，油层垂向渗透率高，油层面积小，连通性较好，依靠自身天然能量开采能满足国家对原油产量的需求等。

2. 开采特点

一次采油方法开采的油田,具有投资少、技术简单、上产快、油田短期可获取较高利润等特点。但由于多数油田天然能量不充足,能量的发挥不均衡,往往在短时间内反映出生产效果好、产量高,但随着开采时间的延长,油藏能量不断降低,油田产量下降速度也很快。

因此,一次采油在整个油田开采过程中采收率较低,一般只能采出油田地下原始地质储量的15%~25%左右。

第二节 二次采油

早在1880年美国人Carll就提出,利用天然能量开采的油田,随着开采时间延长油层压力的下降,原油生产能力也因此下降很快。设想将水注入油藏,利用水流推动的作用,将油层内原始原油推至生产井底,弥补由此产生的地下亏空,使油藏能量得到保持,最终实现提高原油采收率的可能性。

1890年美国个别油田开始实施小范围注水,1921年注水规模迅速扩大。正是注水采油方法在油田上的使用,引出油田的二次采油。

二次采油:主要是指利用人工注水、注气来弥补油藏采出油的亏空体积,保持和储存地下储层能量,恢复油层压力,使开采油田能长时间稳定在一定的生产水平上。

一、油藏的驱油方式

油田二次采油油藏的驱油方式,主要是以水、气作为石油驱替剂驱使地下原油,并将其由井底推向井筒至井口。

注水驱油就是让注入水进入原来被油充填的孔隙,用水将油置换出来的整个过程。

二、油藏的适应条件、时机选择、开采特点

1. 油藏的适应条件

采取向地下注水的二次采油,适应的油藏主要包括:低饱和油藏(油藏地饱压差小、原始气油比低、天然能量小),低渗透、特低渗透油藏(油藏弹性能量小、渗流阻力大、能耗消耗快、压力恢复慢)以及常规稠油油藏(原油黏度较高)。

上述油藏通过注水可有效地补充地下能量、保持油层压力,最终获取最佳的开采效果。

2. 时机选择

二次采油注水时机的选择,一般分为早期注水和晚期注水两种。

早期注水:是指油层的地层压力保持在饱和压力以上的注水。此时油层内没有溶解气渗流,原油基本保持原始性质,注水后油层内只有油、水两相流动。此时,采油井的生产能力较高,能保持较长时间的自喷开采期。

晚期注水:是指在溶解气驱之后的注水。此时原油性质发生了变化,油层内出现油、气、水三相流动,大量溶解气的采出,使原油黏度增加。虽然后期注水可以使油层压力得到一定的恢复,但采油井的生产能力很难恢复到原有的水平。

从目前世界石油开采现状和发展趋势看,绝大多数油田采取的是早期注水的方式开发油田。

3. 开采特点

油田二次采油与一次采油的开采特点相比,技术相对复杂,油田投入的费用较高,但油田生产能力旺盛,经济回报受益较大。

利用二次采油油田的平均采收率,一般可以达到40%~50%,开发效果好的油田采收率可达55%~65%。

第三节 三次采油

三次采油:是指采用化学剂水溶液或化学剂组成的驱油剂,驱替油藏中的剩余油,进一步扩大油层波及体积,提高驱油效率的方法。

一、油藏的驱油方式、驱油方法

目前国内外三次采油技术驱油方法主要包括:聚合物驱、化学复合驱、气体混相驱、蒸汽驱、微生物驱等项技术。

上述三次采油中的不同方法经在油田上试验、推广和普及应用,均获得了提高石油采收率的好效果。其中聚合物驱油可增加采收率幅度达 7.0% ~ 15.0%,三元复合驱油可增加采收率幅度在 15.0% ~ 25.0%。微生物驱也取得了较好的增产效果(表 1 – 1)。

表 1 – 1 三次采油提高石油采收率方法潜力状况统计表

提高石油采收率技术		增加采收率幅度(%)
聚合物驱	聚丙烯酰胺驱	7 ~ 15
	生物聚合物驱	7 ~ 15
碱—聚合物复合驱		10 ~ 18
碱—表面活性剂—聚合物复合驱(三元复合)		15 ~ 25
表面活性剂驱		15 ~ 25
泡沫驱(或气—水交替驱)		10 ~ 20
气体混相驱		15 ~ 20
热力采油	蒸汽(驱替和吞吐)	>20
	地下燃烧	10 ~ 15
微生物采油		能大幅度增产

大庆油田三次采油技术研究始于1965年,经过几十年的攻关和探索发展了化学驱油新理论,形成了以聚合物驱油技术、三元复合驱油技术、微生物采油技术、泡沫复合驱油技术等技术系列。其中,聚合物驱油技术和强碱三元复合驱油技术分别于1995年和2007年在油田得到推广和应用。

二、三次采油的时机选择、开采特点

1. 时机选择

目前从室内实验、现场先导性试验的数据统计结果,我国大多数开发的油田已经进入高含水采油阶段,平均水驱石油的采收率只在40.0%以下,地下尚存有60.0%以上的地质储量。而继续利用现有水驱"二次采油"方法,已经难以保证剩余储量的有效开发,继续提高石油采收率很难获得较高的经济效益。

因此,在此时实施和采取三次采油方法开发油田是最佳的时机选择。

2. 开采特点

油田三次采油与一、二次采油技术相比是高技术、高投入,能使油田采收率再提高10%以上,并获得较高的经济效益。

第二章　油田注水技术

开发油田只依靠天然弹性能量来开采石油,油田的生产能力会随着开采时间的延长而逐步下降,并且只能采出地下很少一部分地质储量,采收率也很低。只有在始终保持充足能量的前提下,才能实现油田的长效开发与开采。

油层能量来自油层的压力,油层压力是驱油的动力,在驱油过程中它要克服各种阻力。首先它要克服油层中细小孔道的阻力,还要克服井筒里液柱的重力和管壁摩擦力等阻力。只有当油层压力克服了这些阻力,地下储集的原油才能被推动、举升至地面而被开采出来。

前苏联的 M·Ф·密尔钦克认为:"采用保持压力法的目的,是从油藏开发及开采的初期就开始保持油层压力,如不能保持在原始压力水平,则起码也要保持在接近于原始油层压力的水平"。"这类方法在油藏开发和开采初期就需采用,它们是现代合理开发油藏方法的一个必须的、有机的组成部分"。

19 世纪后期,世界石油工业刚刚兴起,人们对开发油田还没有科学的认识,只能用强化消耗天然能量的办法来开发油田,然而开采时间不长就出现原油产量的急剧下降,开发效果也变得越来越差。20 世纪初,从事石油开发的人们才逐步认识了各种天然能量驱油的机理,并在 1919 年开始在油田个别井点搞起了注水试验。1943 年以后才出现在油田开发初期,油层压力水平还很旺盛的情况下,提前为其创造条件,早期向地下注水(或注其他液体),保持油层压力的开发方式及方法。使油田一介入开采,就能保持有较高和较稳定的压力水平,从而获取较长时间内的稳产效果。

第一节 油田注水

大庆油田面积大、边水很不活跃、地饱压差小、弹性能量小、原油原始油气比不高、溶解气驱开采采收率低，加上油层多、油层非均质程度严重，为了能使油田有一个较长的稳产期，油田自投入开发之日起，就采取了早期注水、内部注水、分层注水保持油层压力的油田开发方针，使被开采生产井的油层压力始终保持在原始压力附近，各类油层都能较好地发挥各自的生产潜能和作用。

所说的早期注水，就是抢时间、在采油井投产的同时就开始注水，使油层压力始终保持在饱和压力以上；内部注水就是在油田内部既布采油井同时又布注水井，注水井的相继投注使每口采油井都处于注水受效的第一线，能多层多向见到注水的效果，油层压力得到保持就有了较好的保证；分层注水就是将注水井所射开的油层，按照油层的性质和吸水能力的不同以及相邻采油井的需要，划分成不同的注水层段，分别给予定量配水，使各类油层都能得到有效的注水能量补充。

一、注水驱油机理

注水采油：通俗含义就是把水从注水井注到油层里，依靠水的推挤力把油推至与其井距最近、相互连通最好的采油井井底，靠其自身能量自喷或依靠地面的举升设备将油抽吸至地面的全过程。

注入水注入油层以后，由水来驱替孔隙中原始可流动石油和可流动气体。被驱替出来的石油，可以是原来被可流动石油占据孔隙空间中的石油，也可以是原来被可流动气体占据的孔隙空间中的天然气。因为原来被可流动气体占据的孔隙空间几乎全部被油充满，致使移动油带中的游离气很少，而游离气是高度可流动的，这些游离气一般会在开始注水时存在于油藏压力裹包之下，而混入油流中到生产井里。被驱替的石油则有一条被可流动石油或可流动气体占据的最小阻力路线，于是一个移动油带形成了（图2-1）。

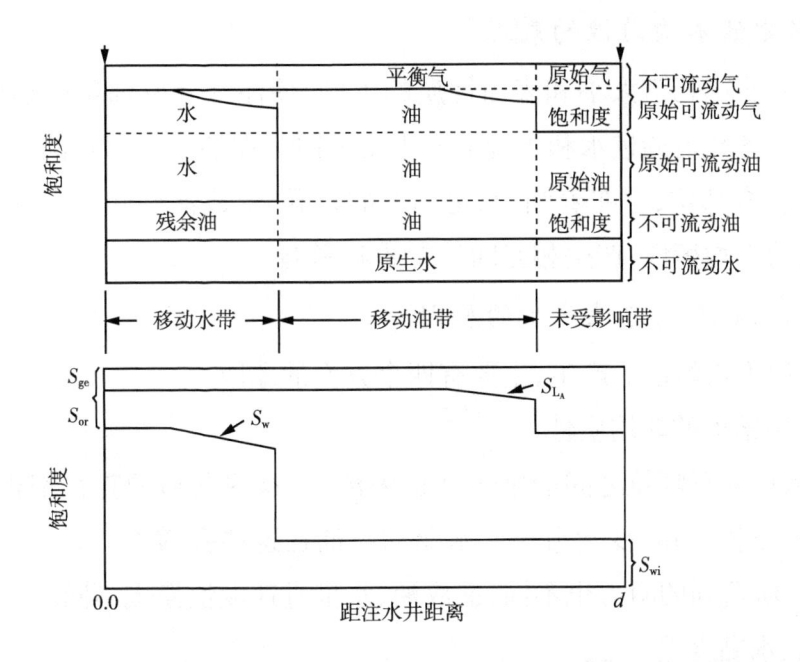

图 2-1 注水井中的饱和度分布图

注入水从注水井逐步推进到采油井以后,在采油井没有见水时,油层内存在三个流动区,即纯水流动区、纯油流动区以及石油和水同时流动的混合流动区。当采油井见水后,流动区内只剩下纯水流动区和混合流动区。当水驱油全部结束时油层中就剩纯水流动区了,这种现象叫做非活塞式流动(图 2-2)。

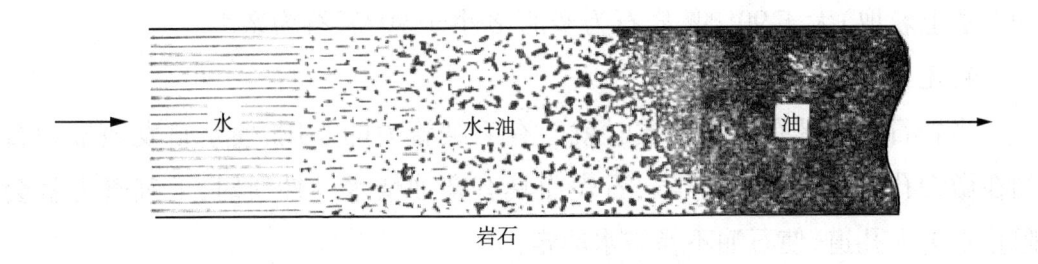

图 2-2 非活塞式水驱油示意图

在非活塞式水驱动力作用下,采油井由开始只采原油,经过一段时间是将水和原油同时采出,随着采出水量的不断增加,出油量在逐步地减少。造成上述现象的原因,除已经采出油田部分地质储量,地下剩余油逐步减少以外,其次就是水驱油过程中油田本身存在的种种不均匀性。

1. 水驱油不均匀性的表现

由于岩石中孔道大小和表面性质的不同,使注水开发油田的油层在注水驱油过程中各孔道的进水和水洗油的程度不同。在油层内以及同一油层平面上的不同发育部位,存在着油、水运动上的差异,形成油层间层内、层间、平面动用状况的不均衡性,产生相互间的矛盾和影响。

2. 水驱油不均匀性产生的原因

水驱油不均匀性的产生,主要有四个方面的原因。

1）油层结构的非均质性

油、水在岩石颗粒之间的细小孔道内活动,这些孔道的直径都很小,孔隙大小不一,纵横交错,变化万千。水驱动石油在这些孔道中流动时,由于孔道大小不同,所遇到的阻力也不同,造成油、水推进速度快慢也不同。

2）油、水黏度差

油、水的黏度是不同的,在水驱油过程中由于油、水黏度差别的影响,在同一孔道内流动时对油的阻力就大,而对水的阻力相对就小,水就会超越油的前面产生窜流,在一些大孔道内水的流动速度将超越油的流动速度。

3）岩石的润湿性

岩石润湿接触角越小,石油在岩石表面附着力越弱,油越容易从岩石表面剥离,驱油效率也就越高。当润湿接触角 δ（在油介质中测量水滴岩石表面时的办法上获取）大于 90° 时,岩石为亲油; δ 小于 90° 岩石为亲水。

4）毛细管力

当岩石表面具有亲水性质时就会有毛细管力的作用,使水自发地推动石油在微细孔道中前进。而当岩石表面具有亲油憎水的性质时,毛细管力就会阻止水进入孔道,使石油不易被水驱走。

二、注水方式及方法的选择

1. 注水方式的选择

注水方式:指的是注水井在油藏中所处的部位和注水井与采油井之间的排列关系。

注水方式的选择主要需要考虑以下四种因素：

(1) 油藏范围的大小；

(2) 油藏内部岩性、物性的变化；

(3) 天然及人工诱导裂缝的发育和方向；

(4) 油藏内外的水动力学连通情况。

2. 注水方法的种类、适应的地质条件

由于各油田的地质条件千差万别，因此所采用的注水方式和方法也各不相同，多种多样。注水方法主要有边缘注水、切割注水、面积注水、点状注水、周期注水、高压注水和选择性注水等。

1) 边缘注水

采用该方式注水的地质条件是：油田面积不大，构造比较完整，油层稳定，边部和内部连通性好，油层的流动系数较高。

方法上，边缘注水分为边内注水（布在油田含油面积以内）、边外注水（布在油田边界以外含水区以内）和边缘注水（布在油水边界线上或油水过渡带内）三种。

2) 切割注水

采用该方式注水的地质条件是：油田面积大、储量丰富，油层大面积分布。

方法上，切割注水就是利用注水井排将油藏切割成较小的单元，分单元进行开发和调整。

3) 面积注水

采用该方式注水的地质条件是：油田分布面积较小，构造不够完整，油层分布不规则，延伸性、渗透性差，流动系数低等各种复杂类型的油藏。

方法上：面积注水是将注水井按一定几何形状和一定的密度均匀地部署在整个开发区上。

4) 点状注水

采用该方式注水的地质条件是：油层连通性差，受岩性遮挡、断层遮挡，注水井钻在油层的尖灭区造成油藏储量得不到有效的动用，注采极不完善的井区及油层。

方法上,点状注水是行列注水的一种辅助注水方式,适合油田在强注、强采期间使用,点状注水应选择与周围采油井多层多方向连通油砂体的发育部位。

5) 周期注水

采用周期注水的油田地质条件是:储油面积要小,亲水性较强,油层孔间非均质严重,毛细管力的作用发挥较差的油层。

周期注水(间歇注水)指的是一口注水井或一个区域内的所有注水井,在注水过程中采取注注停停或注注采采的方式生产。

周期注水是针对油层的非均质性,利用注水过程中压力场激动,来改善水驱开采效果的一种新的注水方式。通过注水量和采液量的改变,使地层压力的格局发生改变,油层弹性力排油作用和毛管力滞水排油作用凸现出来。周期注水停注期间注采驱动作用大大降低,地下的油、水由于毛细管力和重力的作用重新分配,水进入小孔隙,置换出的油进入到大孔隙,通过再注水,这些大孔隙的油又被采出来,由此起到了增加产量、改善开发效果的目的。

周期注水是当今油田高含水后期及特高含水期控制低效、无效注水,减缓采油井含水上升速度一种有效的技术方法。

一般储层在正常注水条件下,水在大孔隙驱油,而亲水性较强的含油小孔隙注入水驱替不到,在连续注水驱油的条件下,毛细管力的作用很难发挥。由于含油饱和度和渗透率的差异,高、低渗透部位压力下降快慢也存在着差异,导致某一时刻高渗透部位压力较低,低渗透部位压力较高,使油、水从低渗透部位窜向高渗透部位,在重新注水或加大注水量后,情况又正好相反。

大庆油田南二区东块在 2002 年开展了周期注水试验,至 2004 年实施了四个循环,区块稳产保持了近两年。周期注水前后效果对比,主力油层累计少注水 $23.72 \times 10^4 m^3$,少产液 $11.42 \times 10^4 t$,累计增油 $1.05 \times 10^4 t$,数值模拟预计提高采收率 1.31 个百分点。

6) 高压注水

高压注水可使地层产生微小裂缝,使原吸水状况不好的低渗透油层改变其吸水状况,起到提高油层吸水能力、增加吸水厚度的效果。

采用高压注水的地质条件是:油层渗透率低,启动压力比较高、阻力大,吸水状况不好的井区。

高压注水方法的核心是确定合理的注入压力界限。因为注入压力太低，油层的吸水状况得不到改善；注入压力太高，虽然较好地改善了低渗透油层的吸水状况，但同时也加剧油、水井套管的损坏程度，同时还会造成油、水层的严重窜槽，引起采油井暴性水淹。

因此，选择高压注水的井区，注水压力上限以不超过油层的破裂压力为合理注水压力界限。这样，既可保证注水井井底附近地层能产生裂缝，增加低渗透油层的渗流能力，又不致使裂缝太长给油田开发带来不利的负面影响。

7) 选择性注水

选择性注水是在油田一个开发区内先按均匀的三角形或正方形井网钻井，钻井后进行详细的地质和流体力学的研究，在此基础上选定注水井位。

采用该方式注水的地质条件是：非正规面积井网注水单元且非均质程度严重的低渗透油层。

注水井位选择的原则是：油层发育状况好、层多，与周边所控制范围内的生产井多层、多方向连通，并具有较高的生产能力。

3. 注水方法的选择

注水方法选择的主要原则是：

(1) 在范围小、内部岩性、物性变化小的油藏，多采用边缘注水；

(2) 在岩性、物性变化大或具有天然裂缝的油藏，一般采用行列注水加不规则的点状注水。其中，行列注水要求注水井排必须与渗透性较好的方向或裂缝发育的方向平行；点状注水要求钻遇整个开采层系油层厚度要大，产能系数要高。

(3) 在油田面积大、油层连续性差、岩性、物性变化也大的油田，多采用面积注水和行列切割注水。

(4) 在非均质程度较高、油层又互不连通的油田，一般都采用不规则的注水方式，依据油田的具体性质和油藏的动态变化决定注水方式。

4. 注水井的合理布控

不同油田都有着不同布井方式和方法。合理的布井应以提高采收率为目标,每口生产井都有可能地控制所属范围面积内地下的原始石油储量,整体开发能有较高的采油速度和较长的稳产年限。

目前油田布井的方式主要分为两大类:一种是排状布井(也叫行列布井);另一种是网状布井(也叫面积布井)。

对于大片连通、分布稳定、含油面积大的储层砂体,行列注水和面积注水都能适应。而对于分布不稳定、构造不够完整、含油面积较小、油层渗透性和流动系数低、发育较差的储层砂体,面积注水方式比行列注水方式适应性更强。

因为行列注水方式的采油井、注水井呈线状分布,非中间井排采油井只受一个方向注水的影响,如果此方向油层变差或尖灭,采油井就受不到注水效果;而面积注水方式一口采油井可与周围若干口注水井有关联,即便哪个方向油层变差或尖灭,其他方向仍可受到注水效果的影响(图2-3)。

切割注水示意图-1　　切割注水示意图-2

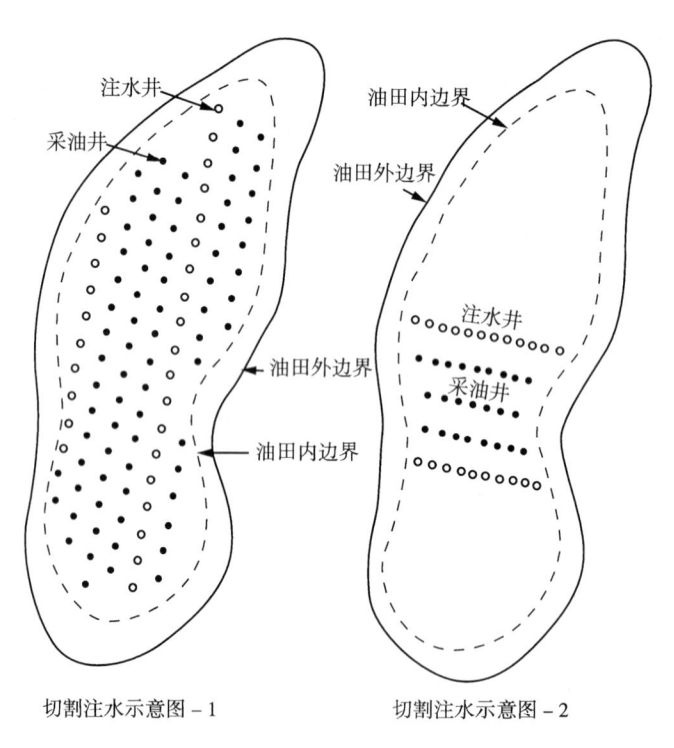

图2-3　行列注水示意图

○—注水井；●—采油井

第二章 油田注水技术

在面积注水方式上，注水和采油均在井点上进行压力分布和相应的流线伸展。在均匀井网内连接注水井和采油井的一条直线，是两井之间的最短流线，所以沿该直线上的压力梯度是最大的。因此，注入水在平面上将沿着这条最短流线先推进到采油井，以后才会沿着其他的流线突入，这就是注入水的舌进现象。所以采油井见水时，在注水井与采油井之间只有一部分储层面积被水所波及（图2-4）。

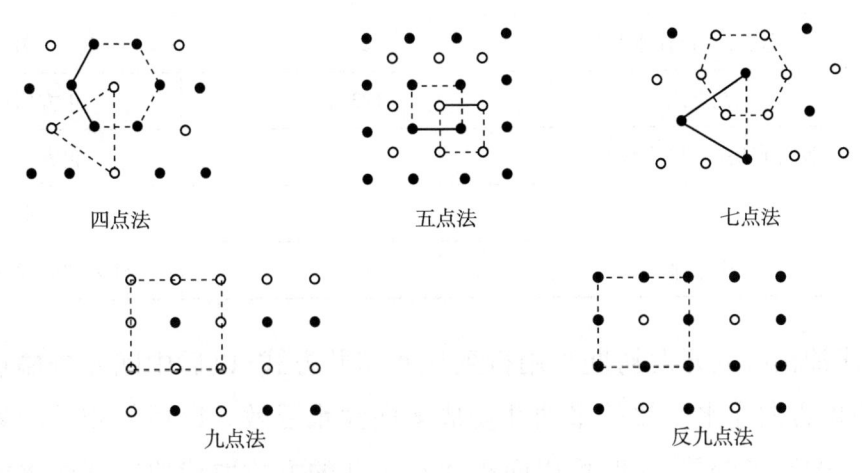

四点法　　　　五点法　　　　七点法

九点法　　　　反九点法

图2-4　面积注水示意图
○—注水井；●—采油井

五点法面积注采井网为均匀正方形，注水井布置于每个正方形注水单元的中心上，每口注水井直接影响周围四口采油井，而每口采油井又同时受四口注水井的影响（图2-5）。这种注水方式有较高的采油速度，生产井容易受到注水的充分影响。

目前投入开发的油田多采用五点法面积注采井网，它在注水井的合理布控、扩大注入水的波及范围方面，起到了较好的作用。

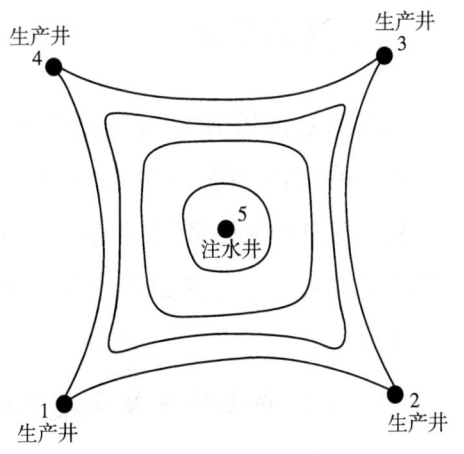

图2-5　五点法注入水移动水前缘位置示意图

随着油田开发时间的不断延长，广大科研技术人员根据各类油层的变化不断地调整布井方式，选择适合油田开采需要理想的注采井网（表2-1）。

19

表 2-1 油田不同井网生产井数比及相应图形

井网		采油井与注水井的井数比	井网图形
面积	四点法	2	等边三角形
	歪四点	2	正方形
	五点法	1	正方形
	七点法	1/2	等边三角形
	反七点(一口注水井)	2	等边三角形
	九点法	1/3	正方形
	反九点法(一口注水井)	3	正方形
行列	直线排	1	长方形
	交错排	1	注采井列线交错

大庆油田投入开发初期采用行列注水布井方式,以后中间井排搞点状注水,使原单方向注水受效的采油井变成多向注水受效。以后的布井随着开采油层条件的逐步变差,一般均用面积注水布井的方式取代原行列注水的布井方式。

三、注采平衡

注水是油田开发过程进攻性的手段,运用其手段可以采出地下更多的石油。油田内部署的采油井和注水井是一对矛盾对立井,采油井是从油层中采出流体体积,消耗油层的能量;注水井则是往油层中补充流体体积、补充油层的能量;二者如产生某一种不平衡,都会给油田的合理开发带来一定的影响。

1. 注采平衡情况及主要影响

1）注的多,采的少

此种情况的表现是:注入水驱动的油没有全部从采油井中采出,在某一部位变为压力保存了下来,从而加速了采油井的见水时间和含水上升速度,影响着油田的稳产时间以及经济效益的提高。

2) 注的少,采的多

此种情况的表现是:注入水不能满足采油井能量补充的需要,使得地下亏空不断加大,造成的结果是油层压力下降,生产能力不断递减。

3) 注采平衡

衡量油田注采平衡的状况,目前采用注采比这一数值加以评述。

注采比指的是:注入剂(水或气)的地下体积与采出物(油、气、水)的地下体积之比,此数值接近或等于1表明注采基本上是平衡的。

注采比所表现的是油田注水开发过程中注采平衡状况,是油田生产过程一项重要的开发指标,是衡量地下能量补充程度及地下亏空弥补程度的指标。

注采比可分为月注采比、季注采比、年注采比,其计算公式如下:

$$\text{注采比} = \frac{\text{注水量} - \text{注水井溢流量}}{\text{采油量} \times \frac{\text{原油体积系数}}{\text{原油相对密度}} + \text{采油井产水量}}$$

式中注水量(m^3)包含月、年、阶段;注水井溢流量(m^3)包括对应时段洗井等累积外排未注入油层的注水量;采油量(t)和注水量对应时间;采油井产水量(m^3)和注水量对应时间。

油田开采过程中的注采比要立足于满足生产需要,在保持合理的地层压力,旺盛的生产能力条件下,把降低无效能耗,取得较高原油采收率作为调整的重要依据,根据实际情况来制定本地区有效、合理的注采比。

2. 做好平衡注水工作

平衡注水指的是:保持油田在注采平衡的条件下,达到所需的注入水量。对于不同压力、不同含水的油层,要本着调整油田三大矛盾的需要,做好平衡注水的调整工作。

对于需要恢复压力地区,采取注略高于采的超平衡注水方式,使压力尽快恢复到地质方案要求的指标。但此时要防止压力上升过快,带来的整个地区含水上升速度加快。

相反对于压力高且上升快的地区,则应采取注略低于采的欠平衡注水方式,实施低平衡注水。但此时要密切注视地区的压力和生产能力的变化,做好及时的调整工作。

第二节　油田分层注水工艺技术

油田开发初期的注水，注水井往往是按照本身自然吸水能力，采取笼统的注水方式注水。由于各类油层自然发育状况不同，笼统注水使得注入水在层间、平面不均匀地推进。

对于多油层砂岩油藏中的好油层（渗透率高、油层厚度大的主力油层），油层开始吸水时启动压力比较低，油层吸水状况好。受其注水影响的采油井油层压力恢复速度也快，在生产过程中往往表现出先见效、先高产、先见水、先水淹。笼统注水期间还经常出现注入强度大，引起主产层含水上升过快的问题，最终使生产初期的主产层逐步变成含水较高乃至影响其他油层正常生产的干扰层。

相反，对于差油层（渗透率低、油层厚度薄的非主力油层），油层开始吸水时启动压力比较高，加上受好油层吸水状况好、层间干扰严重的影响，油层吸水能力较差，个别油层还不吸水，使相连通采油井的油层压力很低，油层长期得不到较好的动用。

一、分层注水

分层注水，就是在注水井井内把高渗透的主力油层和低渗透的差油层，高吸水和低吸水（吸水能力差）油层分别组合成不同的注水层段。对高渗透油层或高吸水层适当控制注水量，对中、低渗透油层或低吸水层提高和加强注水，使层段间吸水强度尽量接近，油层间吸水剖面得到有效调整的一种注水方式。

分层注水是搞好油田分层开采的基础，保持各类油层都能吸水，就能使各类油层具有较高的压力水平，就能充分发挥各类油层的生产潜能及作用，保持生产井长期稳定的开采效果。

二、分层注水的作用

分层注水的目的旨在调整层间关系,其作用主要有以下两点:

(1)调整注水井层间油层吸水差异,使层间吸水量差异减小,吸水量比较均匀。

(2)按照地质方案的调整需求进行配水,解决注入水在油层平面上波及不均衡的问题。

三、分层注水工艺技术的发展和提高

大庆油田广大科技工作者,针对本油田多油层油、水运动的规律和开采特点,在分层注水工艺技术研究上不断创新、完善和提高。

(1)20世纪60年代,在油田低含水采油阶段开始应用分层注水工艺技术。

首先采用的是一套单油管固定式配水管柱进行分层定量注水,利用井下分层工具把水分配到各注水层段。通过在井下分别采取调控的方法,来调整层段间的注入量,起到了减缓层间矛盾,提高中、低渗透油层吸水量的作用(图2-6)。

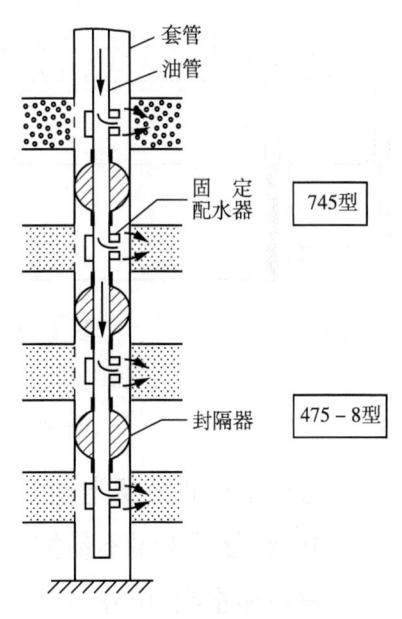

固定式配水管柱井下分隔油层的工具为 图2-6 分层注水示意图
475-8(K344-114)型水力扩张式封隔器,控制分层注入流量的井下工具是745型配水器(图2-7、图2-8、图2-9)。

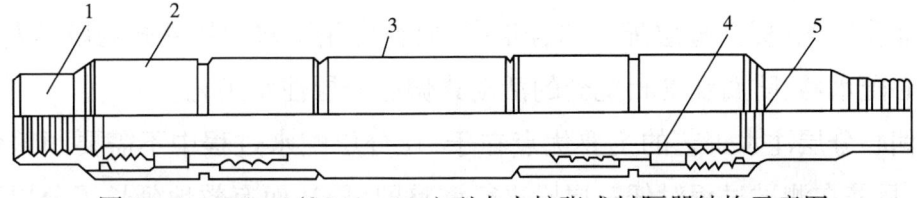

图2-7 475-8(k344-114)型水力扩张式封隔器结构示意图
1—上接头;2—护套;3—胶筒;4—中心管;5—下接头

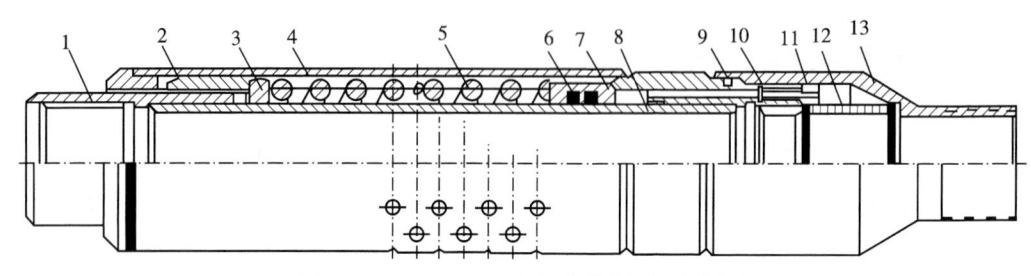

图 2-8 745-4 型配水器结构示意图

1—上部接头;2—调节接箍;3—弹簧垫片;4—防护罩;5—弹簧;6,9—密封圈
7—阀;8—中心管;10—出水阀座;11—配水嘴;12—滤网;13—阀座接头

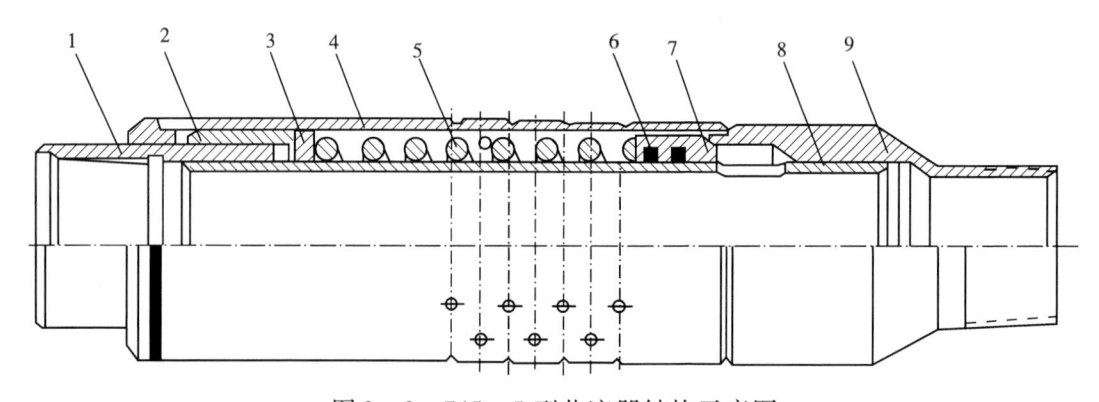

图 2-9 745-5 型节流器结构示意图

1—上部接头;2—调节接箍;3—弹簧垫片;4—防护罩;5—弹簧
6—密封圈;7—阀;8—中心管;9—下部接头

这种固定式分层定量配水工艺应用以后,通过生产实践暴露出分层配水工艺复杂、分层水量不易控制等多个问题,使每年上千次注水井需要井下作业施工调整和重配,单井每年平均作业达一次以上。分层注水合格率也很低,只有30.0%~45.0%。每年有近35.0%左右的采油井,含水上升值超过规定的技术政策界限。

(2)20世纪70年代,油田进入中含水开采阶段以后,注水井数不断增加,为了简化工艺、提高分层配水的合格率,研究应用了水力压缩式封隔器与665型偏心配水器、防腐油管相配套的活动式偏心分层注水工艺。

偏心分层注水工艺的主要优点在于,在分层配水过程中不需要频繁作业施工,只需在测试过程对任一层段进行调整即可,从而有效地延长了分层配水管柱的使用寿命(图2-10、图2-11)。

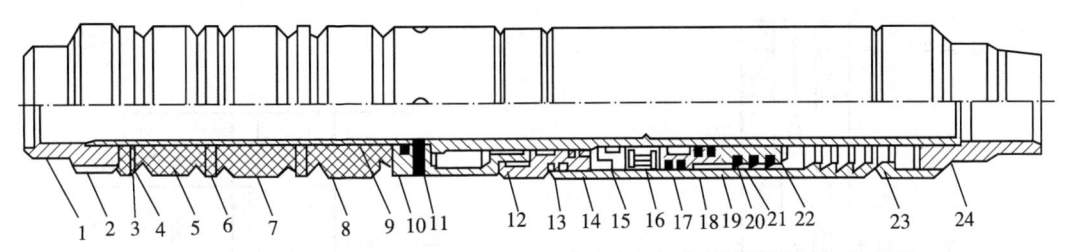

图 2-10　752-2 型(Y344-114)水力压缩式封隔器结构示意图

1—上接头；2—调节环；3,13,17,19—密封圈；4—上挡环；5—上胶筒；6—中挡环；7—中胶筒；8—下胶筒；9—中心管；10—承压套；11—释放销钉；12—承压接头；14—活塞；15—销钉挂；16—卸压销钉；18—活塞；20—衬簧；21—卡簧；22—卡簧压帽；23—卡簧挂圈；24—下部接头

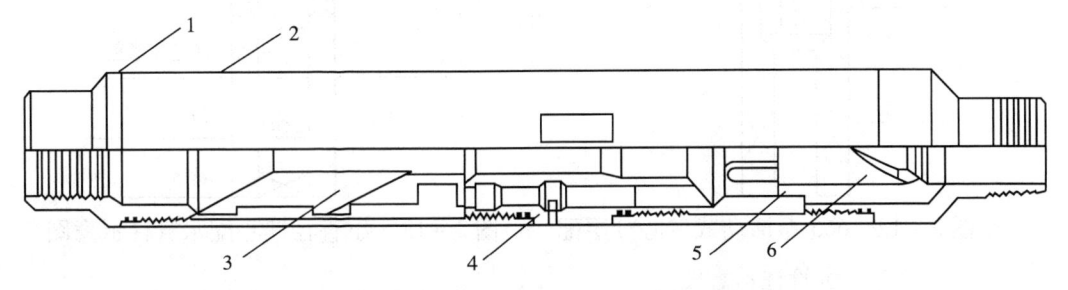

图 2-11　665 型偏心配水器结构示意图

1—上接头；2—上下连接套；3—扶正体；4—工作筒主体；5—支架；6—导向体

大庆油田在1972年至1974年不到三年的时间里,98.0%注水井下入665型活动式偏心分层配水管柱,分层注水合格率由采用偏心分注前1972年的35.0%,提高到应用偏心分注后1979年底的77.8%,油田含水上升趋势得到了有效的控制,注水井分层注水状况有了显著的改善,采油井分层动用状况也得到有效的调整(图2-12)。

(3)20世纪80年代,油田进入中、高含水开采阶段以后,由于井下套管开始损坏并有加快的趋势,研究成功了小直径分层注水工艺。这种适于套管损坏的小直径分层注水工艺,可下在最小通经ϕ100mm的套损井内,能较好地解决这部分注水井因套管损坏、井内通经变小而不能分层注水的问题(图2-13)。

(4)20世纪90年代初,油田进入高含水开采阶段以后,分层注水工艺往更细化的方向发展,研究成功了同心集成式注水工艺技术。

同心集成式注水工艺将管柱封隔器、配水器采用一体化设计,既能起到分隔注水层段的作用,又是集成式配水器的工作筒。

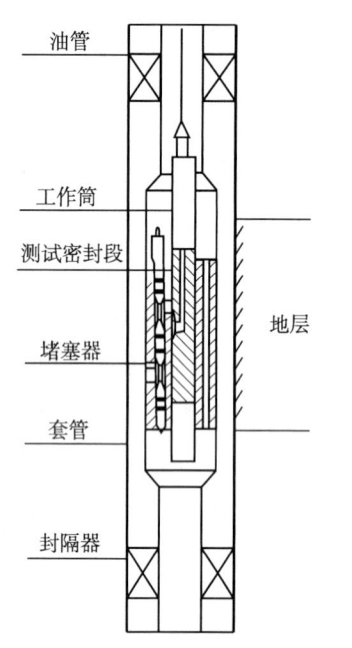

图2-12 665型活动式偏心分层配水管柱示意图

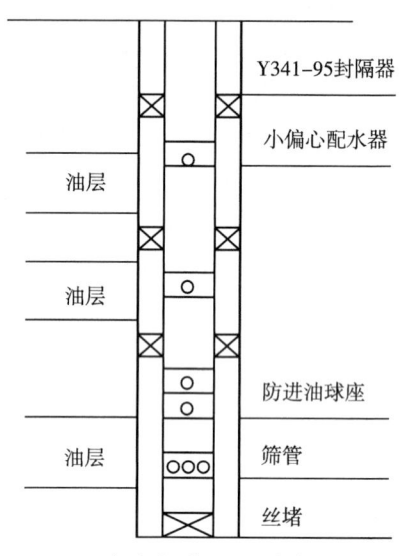

图2-13 小直径偏心配水管柱示意图

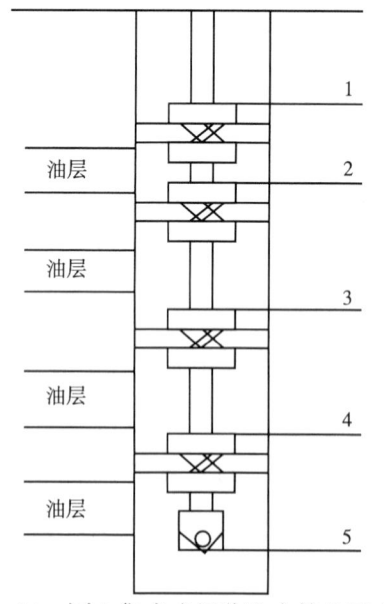

图2-14 同心集成式细分注水管柱示意图
1,3—Y341-114分层封隔器；
2,4—Y341-114配水封隔器；5—球座

一级集成式配水器能够满足两个层段的注水要求，工艺管柱最小隔层卡距可缩小至1.2m，同时可满足2~4个层段的分注要求。同时，该工艺测试技术独特，流量测试是在同一工况下各层同步测试，压力即可分布测试又可同步测试，减少了层间干扰造成的不利影响，有效地提高了资料录取的准确性。

同心集成式注水工艺管柱，主要由内径为ϕ60mm的Y341-114可洗井分层封隔器和内径为ϕ55mm和ϕ52mm的Y341-114可洗井配水封隔器，内捞式ϕ55mm和ϕ52mm同心配水堵塞器及球座等部件组成（图2-14、图2-15、图2-16）。

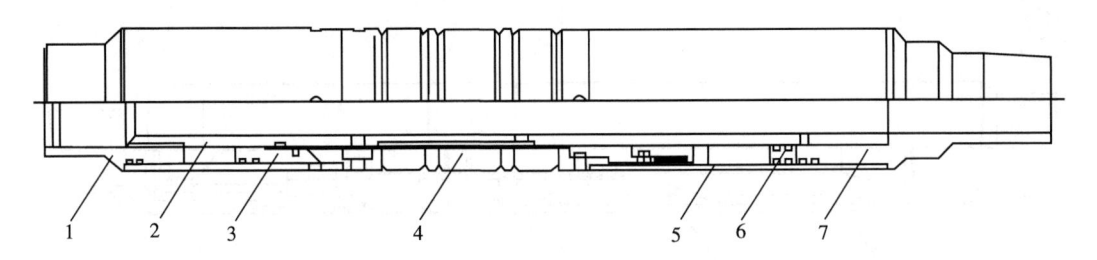

图 2-15 Y341-114 型可洗井配水封隔器结构示意图

1—上接头；2—中心管；3—洗井阀；4—三级压缩式胶筒；5—座封套；6—座封活塞；7—下接头

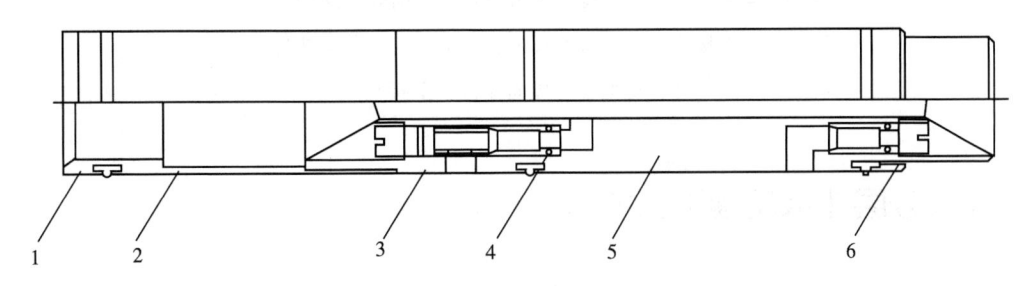

图 2-16 同心配水堵塞器示意图

1—打捞头；2—连接套；3—注水管；4—水嘴；5—配水体；6—调节环

20世纪90年代后期，针对注水层段层间压差增大，笼统测压力不能精确反映地层压力的问题，研究成功桥式偏心分层注水及测试技术，实现了分层流量直接测试和分层压力测试（图2-17、图2-18）。在分层注水方面提高了分层测试精度、减少调配工作量、提高测试效率、降低了生产成本。

与此同时研究成多种类型的化学堵剂、调剖剂和配套的分层采油、分层压裂改造、分层测试等辅助技术，通过上述技术的现场配套应用，有效地控制了注水井注入水量和采油井产出液量的增长速度，使更多的油层发挥了生产作用，分层注水技术也由此更加配套和完善。

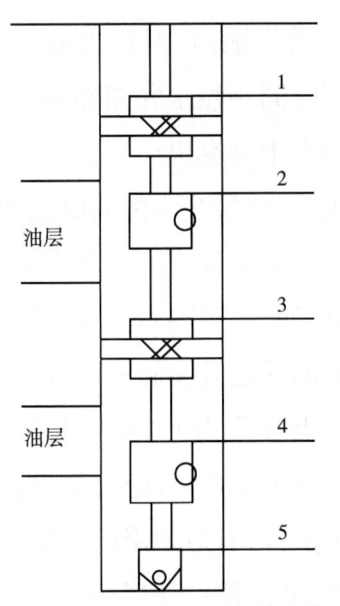

图 2-17 桥式偏心分层注水管柱示意图

1,3—Y341-114 型封隔器；
2,4—桥式偏心配水器；5—球座

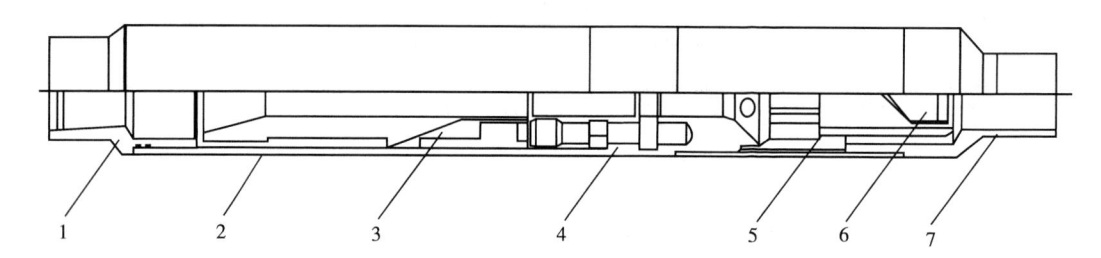

图 2-18 桥式偏心配水器工作筒结构示意图

1—上接头；2—连接套；3—扶正体；4—工作筒主体
5—支架；6—导向体；7—下接头

四、分层注水配套工艺技术

1. 分层采油技术

注水井实施了分层注水而采油井仍然笼统采油，此时好油层注水在很大程度上受到限制，但产出液量仍然最多，势必会造成好油层压力大幅度的下降。同时同一注水井相邻的各采出井在不同的方向，采液量也不均衡，导致平面矛盾也十分突出。

因此，分层注水的同时也要积极做好分层采油的工作。

分层采油井内下入的分层管柱，是引导各层段油、气流产出的一套装置。由套管、油管、封隔器、工作筒配产器、丝堵等组合而成（图 2-19）。

采油井通过实施分层开采技术，可以减小油层相互间的干扰和影响，调整周围井点在平面上的油、水分布，有效发挥各类油层的生产潜力。同时，利用该技术将主要产出液流，特别是产水量高的含水层单卡出来，进行堵水或限制其产出量，可有效地降低其油层压力和含水上升速度，使那些原受干扰影响的低含水、低产能的油层，发挥其自身具有的生产能力（图 2-20）。

大庆油田在分层采油工艺上，20 世纪 60 年代研究成用配产器调整层段产出量为主的分层采油工艺。20 世纪 70 年代，研究成任意调整层段产出量的偏心配产、堵水工艺技术。20 世纪 80 年代以后，机械堵水技术不断完善、更新和提高，化学堵水技术在高含水层上也得到了广泛的应用。

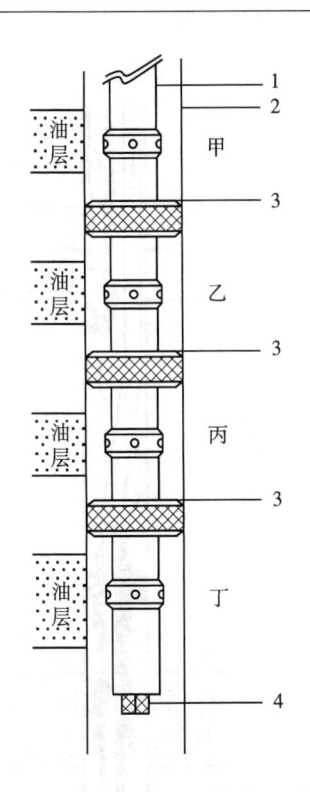

图 2-19　分层配产管柱示意图
1—油管；2—套管；3—封隔器；4—丝堵

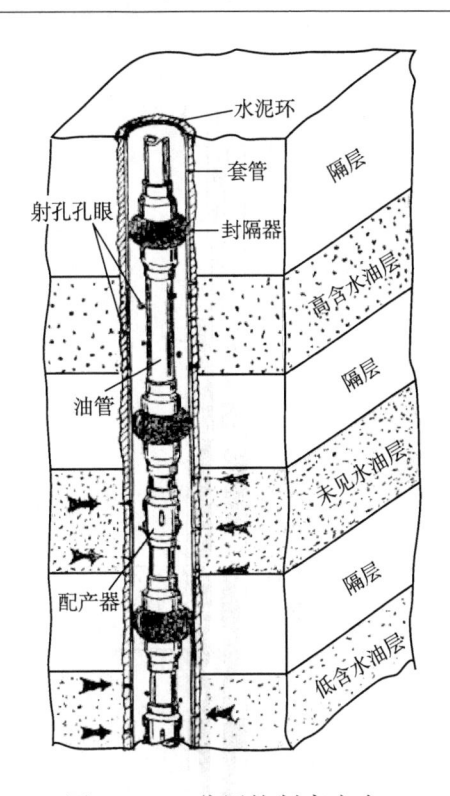

图 2-20　分层控制高产水、高含水油层示意图

2. 分层调整和改造技术

1) 分层调整

分层调整是一项综合性的工作，它贯穿于油田开发的始终。在油田处于中、低含水期采取的措施主要是以分层注水为主的分层调整。中、高含水期，采取的则是以分层注水和采油井分层堵水相结合的分层调整。到了特高含水期，采取的是以注、堵、采相结合的分层调整。

通过注水井、采油井的反复调整，使其吸水剖面和产出剖面得到调整，不同性质油层之间的层间差异、干扰减小，各类油层都能在生产中发挥较好的作用（图 2-21、图 2-22）。

2) 分层改造

分层改造是一项进攻性的技术措施，通过分层改造可以进一步调整层间矛盾，有效地发挥中、低渗透层的生产作用，提高其自身的吸水能力和产油能力。

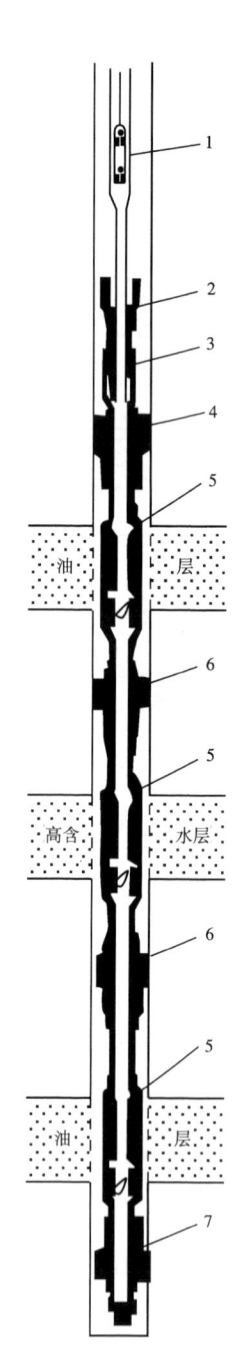

图 2-21 采油井分层堵水管柱示意图

1—深井泵；2—丢手接头；3—活门；
4—防顶卡瓦；5—偏心配产器；
6—封隔器；7—支撑卡瓦

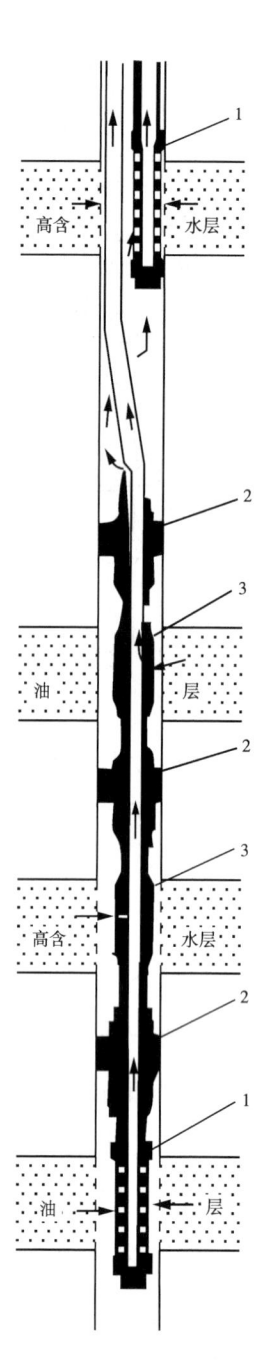

图 2-22 双管采油示意图

1—筛管；2—封隔器；
3—连通器

当前油田采取的分层改造技术,是以油层压裂和油层酸化两项主要措施的内容为主。

大庆油田目前的压裂工艺主要有普通压裂、多裂缝选择性压裂、限流法压裂、定位平衡压裂、高砂比宽短缝压裂、高能气体压裂和复合压裂等技术。酸化工艺主要有普通的土酸和以后陆续开发的固体酸、缓速酸、胶束酸、强排酸和复合酸等技术。

分层调整和改造的核心是改善中、低渗透油层的动用条件。一般选择已经注水受效,但动用不好的油层。对于注水受效仍较差的油层还仍立足于做好连通油层的注水调整工作。

3. 分层测试技术

分层测试是掌握采油井、注水井分层动态变化的手段,它可以获取分层压力、分层产量和含水、分层注水量等认识油层的重要参数。

分层测试获取的资料成果是及时掌握生产动态,分析动态变化原因,确定生产井下步措施的重要依据。

油田常规和分层测试工艺技术主要包括试井和测井两个方面的内容。

试井就是通过在油、水井内对产量、压力、温度等参数的测试,来分析油层的特性,研究其变化规律的一种方法。

试井方面测试包括稳定试井、不稳定试井、水文勘探试井。

(1)稳定试井:就是改变采油井工作制度,在生产稳定时测出稳定的油压、套压、流压、产量、气油比、含水、含砂等。

(2)不稳定试井:就是在采油井开、关井时,引起油层压力重新分布的这个不稳定过程中测出压力变化曲线,根据曲线形态来分析求得油层的各项参数。

(3)水文勘探试井:就是利用各井之间相互干扰的特点来研究井间及远处的油层特性。

油田目前试井测试的主要内容有压力测试、流量测试、井温测试、液面测试、环空找水等。

测井的主要内容包括地球物理测井、水淹层测井、检查套管测井、放射性同位素测井等。

第三节　油田注水管理工作

油田注水系统从注水水源到最终注入油层大致经历以下四个环节和过程（图2-23），而注水井管理工作正是伴随着这一全过程去做好工作。

水源 → 水处理站 → 注水站 → 配水间 → 注水井

图2-23　注水系统全过程流程图

在油田注水过程中，往往出现"水利"带来的效果和"水害"带来的不良影响等问题。"水利"主要表现为：它可以在注水后保持油层压力，提高和保持采油井的生产能力。而"水害"则表现为：注水后注入水在驱油过程中和油混在一起被开采出来。当采油井的出水达到一定的程度时，就会加快采油井的含水上升速度，生产能力也随之下降，直接影响到油田的整体开发效果。

油田既要注水，采油井必然在开采一段时间里见水，由初期见效逐步演变到后期的水淹，这是注水开发油田的必然趋势。因此注水开发的油田，要通过人们的不断认识和调整以及科学的管理，发挥"水利"的作用，来实现油田长时间较好的开发效果。同时还要通过不断认识油、水运动的客观规律，克服和治理"水害"带来的不利影响，减少注入水的无效循环，使更多的油层都能受到注水效果，发挥各自的生产作用。

注水管理工作的基本任务是：保持油层长期稳定的吸水能力，完成地质方案确定的配注任务。根据相连通采油井的生产动态变化和需要，来满足和及时调整配注水量，确保其有较高的油层压力和旺盛的生产能力，从而使油田保持和实现长期高产、稳产，最终实现提高油田最终采收率的目的。

一、注水后的跟踪分析

油田采用注水方式开采以后，要及时分析其动用状况，要在现有精细地质研究的基础上，进行储层精细描述，搞清储层纵向上、平面上非均质特性，做好注水井和采油井生产过程变化的分析工作。

所说的跟踪分析,就是要分析注水井、采油井的分层动用状况。

采取的方法是:首先,要对每口注水井不同时段所测的吸水剖面资料进行连续的分析,找出主要吸水层、吸水差层和不吸水层,结合井组内采油井相对应油层的出油情况、水淹情况,做好层段注水量的相应调整。其次,对每口采油井不同时段所测的产出剖面资料进行连续的分析(也可借鉴井组内邻井的资料,结合油层的发育情况进行分析),找出主要产出层、产出差层和不产出层,分析主要来水方向注水井的注水强度,确定调整其注水量。对于油层发育注水受效与产出结果静、动不符的油层,要选择相应的油层通过措施改造来加以处理,以发挥其油层本身的生产能力。

二、注水方案的调整

注水开发油田在生产过程中要经历低含水、中含水、高含水、特高含水四个不同的含水阶段开采,每个阶段在生产过程中都会暴露不同的矛盾和问题。因此,注水方案要根据不同阶段开采的需要,做好及时和相应的调整。

1. 在低含水采油阶段(含水率小于20%)

这个阶段采油井注水见效,主产油层(主力油层)的生产能力得到较好发挥,注水见效后油层压力稳定或上升,是注水受效最佳时期。注水方案要体现以保持油层压力不降的注水量调整,尽可能使油田注采平衡,注采比达到1。

此阶段的主要工作就是努力使注入水均匀推进,防止单层突进和局部舌进,提高无水和低含水期油田的采收率。

2. 中含水采油阶段(含水率20%~60%)

这个阶段采油井主产油层普遍见水,见水层和来水方向也逐渐增多,层间和平面上的油、水分布错综复杂,层间矛盾和平面矛盾日益加剧。随着油田综合含水的不断上升,产油能力有所下降。注水方案要体现以分层调整注水量为基本原则,加强受效差层、方向油层的注水,限制高压、高含水层方向油层的注水量,调整好注入和产出剖面,减小层间矛盾给生产带来的不利影响。

此阶段的主要工作应立足于搞好层间产量接替和平面注采强度调整,扩大注入水波及体积,确保油田高产稳产。

3. 高含水采油阶段(含水率60%~90%:前期含水率60%~80%,后期80%~90%)

这个阶段采油井主产油层生产能力处于递减状况,各类油层普遍水淹,剩余油分布分散、挖潜困难。注水方案要体现对注水、产液剖面进行调整,在注、采工艺技术允许的情况下,继续做好注水井的细分注水与采油井的细分堵水工作,对个别受效仍较差的油层采取必要的改造措施。

此阶段的主要工作以搞好开发层系、井网、注采系统的调整,并配合相应的挖潜措施来增加可采储量。同时要做好精细油藏描述,利用三次采油的方法,减缓油田的产量递减速度。

4. 特高含水期采油阶段(含水90%以上)

这个阶段采油井大部分油层已全部见水,储层剩余油高度分散,油田完全处于用大量的注入水来换取油层少量的剩余油。注水方案要体现整体的注水、产液结构的调整,通过精细地质研究,进一步细分注水井的注水层段,搞好层段的分层注水工作。采油井则需要继续做好堵水工作以减少注入水的低效、无效循环,发挥和改造原动用状况不好油层的生产潜力。

此阶段的主要工作以努力提高注入水的利用率、精细挖潜,应用国内、外新技术,继续做好挖掘油田剩余油的各项工作,有效延长油田经济开采的有效期。

三、注水井的日常管理

注水井的日常管理工作的主要任务是:保持注水井的吸水能力、完成层段分层配注任务,通过油、水井的综合分析及时对配注水量做相应的调整,提出措施实施意见。

注水井日常管理工作主要包括:注水井地面管理和地下管理两个方面。

注水井的地面管理,主要是要做好注水设备的维护和保养,使其始终处于完好的状态。按照日常取资料的要求,准确录取各项资料,掌握地面设备的技术要领和操作要求,对所使用仪表按期维修和校对等。

注水井的地下管理,主要是要了解和掌握所管井各层段油层的吸水状况,井下管柱中下井工具的主要性能和作用,利用获取的分层测试成果,及时提出措施调整意见等。

在油田开发方案实施过程中,对注水工作的认识和对注水方案实施效果的好坏,往往反映日常的管理工作是否到位。依据油田开发管理纲要,在注水井管理上要认真做好以下七个方面的工作:

(1)油田投入注水开发前必须通过试注,测定储层的启动压力和吸水指数,确定注水压力,优化注水工艺。试注、转注必须严格执行操作规程和质量标准,并根据油藏地质特征、敏感性分析及配伍性评价结果,采取相应的保护储层措施。

(2)根据注水井的生产情况,研究确定合理的洗井周期,定时洗井。当注水井停注24h以上、作业施工或吸水指数明显下降时必须洗井,洗井排量由小到大,当返出水水质合格后方可注水。

(3)当注水量达不到配注要求时,应采用增注措施。若提高压力注水时,有效注水压力必须控制在地层破裂压力以下。

(4)油藏注水实施之前,通过储层敏感性分析,井下管柱的腐蚀性研究等试验,考虑水质处理工艺和建设投资以及操作费用等因素,确定合理的注入水水质标准。建立水质监测制度,定时定点取样分析,发现问题及时研究解决。

(5)根据油藏工程的要求和井型、井况的特点,在具备成熟技术能力的条件下,选择分注管柱以及配套工具。管柱的结构要满足分层测试、防腐、正常洗井的要求。

(6)注水井作业要尽量采用不压井作业技术,如需放溢流,应符合"健康、安全、环境"要求,并计量或计算溢流量,本井的累计注水量要扣除溢流量。

(7)注水井日常做到平稳操作,避免和减少不必要的开关井、测试时操作要平稳、不猛开井注水,防止由此造成分注井封隔器损坏、失效。

四、注入水水质

注水开发油田水质是一个很主要的问题,它不仅影响油层吸水能力的大小,而且影响油田的开发效果。

注入水水质主要是指注水中的机械杂质、含铁量、细菌等有害物质含量,对油层吸水能力的影响程度。

1. 注水中的机械杂质

注水中的机械杂质一般以直径小于 $4 \sim 5 \mu m$,呈颗粒状,以一定的流速浑浊于水中。它的存在会造成油层堵塞,对油层渗透性影响较大。

2. 含铁量

注水中的铁,主要来源于水对注水管网及设备腐蚀形成的铁化合物。其中,氢氧化铁和硫化亚铁对油层的渗透性能影响最大。

3. 细菌

注水中存在的细菌,经繁殖后菌体会堵塞油层。另外,细菌活动的代谢物与水中的其他化合物发生反映会产生沉淀,堵塞油层孔隙。

为此,油田在注水过程中对注入水的质量要求非常严格,除保持注入水量稳定、经济合理外,还对水质质量提出以下五项具体要求:

(1)水质稳定,与油层水相混不产生沉淀;

(2)水注入油层后不使黏土产生水化膨胀或产生混浊;

(3)不得携带大量悬浮物,以防注水井渗滤端面堵塞;

(4)对注水设施腐蚀性小;

(5)当一种水源量不足需要第二种水源时,应首先进行室内试验,证实两种水的配伍性好,对油层无伤害方可注入。在理想的情况下,油田注入水的水质应保证在整个注水周期内不堵塞油层,不降低注入能力。

目前全国各油田或区块油藏孔隙结构和喉道直径不同,相应的渗透率也不相同,注入水在不同的地区,水中有害物质对油层的伤害也有所不同,为此各油田也相应制订了本油田的注水水质标准。尽管各油田标准差异较大,但所订标准都必须符合本行业注水水质的质量标准要求(见石油天然气行业标准《碎屑岩油藏注水水质推荐标准 SY/T 5329—94 水质主控指标》表2－2)。

表2－2 推荐水质主要控制指标

注入层平均空气渗透率(μm^2)		<0.10			0.1~0.6			>0.6		
标准分级		A1	A2	A3	B1	B2	B3	C1	C2	C3
控制指标	悬浮固体含量(mg/L)	≤1.0	≤2.0	≤3.0	≤3.0	≤4.0	≤5.0	≤5.0	≤7.0	≤10.0
	悬浮物颗粒直径中值(μm)	≤1.0	≤1.5	≤2.0	≤2.0	≤2.5	≤3.0	≤3.0	≤3.5	≤4.0
	含油量(mg/L)	≤5.0	≤6.0	≤8.0	≤8.0	≤10.0	≤15.0	≤15.0	≤20	≤30
	平均腐蚀率(mm/a)	<0.076								
	点腐蚀	A1、B1、C1 级试片各面都无点腐蚀;A2、B2、C2 级试片有轻微点蚀;A3、B3、C3 级试片有明显点蚀								
	SRB 菌(个/mL)	0	<10	<25	0	<10	<25	0	<10	<25
	铁细菌(个/mL)	$n \times 10^2$			$n \times 10^3$			$n \times 10^4$		
	腐生菌(个/mL)	$n \times 10^2$			$n \times 10^3$			$n \times 10^4$		

注:①1<n<10;
②清水水质指标中去掉含油量;
③新投入开发的油田,新建污水处理站,注水水质根据油层渗透率高低要分别执行相应分级(A_1、B_1、C_1)标准。

除了上述对注水水质的主要控制指标外,SY/T 5329—94 还对注水水质的辅助性指标作出指导性规定。

辅助性指标主要包括:溶解氧、硫化氢、侵蚀性二氧化碳、铁、pH 值等。

其中,油层采用水中溶解氧浓度不能超过 0.10mg/L,清水中的溶解氧含量要小于 0.5mg/L,因为溶解氧和水中溶解铁结合生成的氧化物沉淀,易堵塞油层。

油田污水中硫化物含量应小于 2.0mg/L,因为硫化物(H_2S)它不仅腐蚀管线,还会堵塞油层。

侵蚀性二氧化碳含量一般要求在 －1.0~1.0mg/L 之间。因为侵蚀性二氧化碳含量等于零时,稳定。如大于零,可溶解成碳酸钙垢,会对设施产生腐蚀作用。

水中含有亚铁离子时,铁细菌的作用可将二价铁离子转化为三价铁离子,生成氢氧化铁沉淀。

pH值要求控制在$7±0.5$为宜,因为pH值高,容易结垢;pH值低,容易腐蚀管线。

另外注入水中悬浮物含量高、粒径大,容易堵塞岩石孔隙。阴离子含量(水中氯离子Cl),即含盐量增加,水的腐蚀性增加。阳离子含量(水中钙Ca^{2+}、镁Mg^{2+}、铁Fe^{3+}、钡Ba^{2+}离子与碳酸CO_3^{2-}、硫酸SO_4^{2-}等离子结合,生成碳酸钙、碳酸镁、硫酸铁及硫酸亚铁化合物),易引起结垢或堵塞油层。细菌总数多、污水含油量高等因素,都会造成堵塞油层等问题,影响着油层的吸水能力。

大庆油田结合油藏特点制定了企业标准和适用于水驱注水水质控制指标(表2–3)。

表2–3 水驱注水水质控制指标

序号	注入层平均空气渗透率指标(μm^2)项目	<0.01	0.01~0.10	0.1~0.6	>0.6
1	含油量(mg/L)	≤5.0	≤8.0	≤15.0	≤20.0
2	悬浮物固体含量(mg/L)	≤1.0	≤3.0	≤5.0 地面污水≤10.0	≤10.0 地面污水≤15.0
3	悬浮物颗粒直径中值(μm)	≤1.0	≤2.0	≤3.0	≤5.0
4	平均腐蚀率(mm/a)	≤0.076	≤0.076	≤0.076	≤0.076
5	硫酸盐还原菌(SRB)(个/mL)	0	≤25	≤25	≤25
6	腐生菌(个/mL)	$n×10^2$	$n×10^2$	$n×10^3$	$n×10^4$
7	铁细菌(个/mL)	$n×10^2$	$n×10^2$	$n×10^3$	$n×10^4$

注:$0≤n<10$;鉴于目前的处理工艺,外围特低渗透层悬浮物固体含量暂时执行2.0mg/L。

第四节　注水开发油田的后期挖潜与调整

采用注水方法开发的油田,在油田开发后期还应继续做好挖潜工作。一方面,通过完善单砂体注采关系缓解平面矛盾;另一方面,通过层系细分、细分注水、细分堵水等常规措施扩大纵向波及厚度。

除此之外,对于水驱后难以被开采出来地下部分剩余油(图2-24、图2-25、图2-26),一方面采用加密井网的办法,进一步完善注采系统进行综合调整。另一方面应用三次采油技术,进一步扩大注入水波及体积,提高驱油效率。

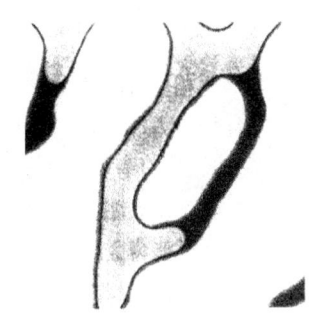

水驱后以柱状形态滞留在油层中的剩余油　　水驱后以簇状形态滞留在油层中的剩余油　　水驱后以孤岛状形态滞留在油层中的剩余油

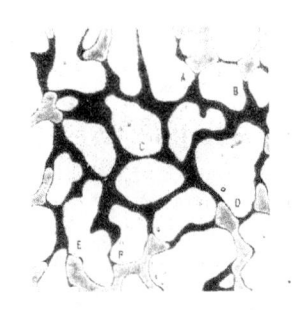

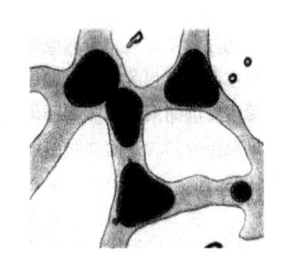

图2-24　水驱后剩余油分布形态图

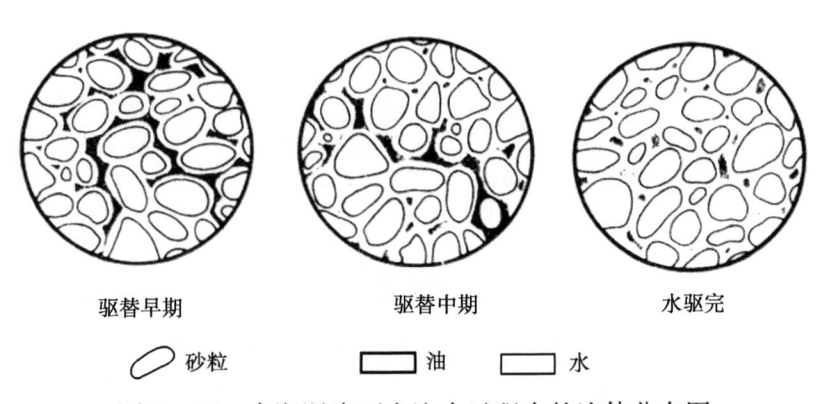

驱替早期　　驱替中期　　水驱完

◯ 砂粒　　▭ 油　　▭ 水

图2-25　水润湿岩石在注水过程中的流体分布图

驱替早期　　　　　　　驱替中期　　　　　　　经济极限

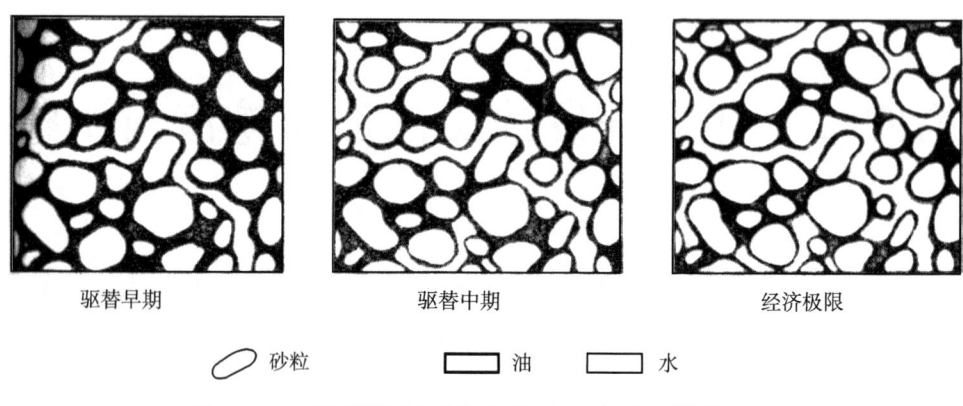

砂粒　　　油　　　水

图 2-26　油润湿岩石在注水过程中的流体分布图

第三章　油田井网加密技术

大庆油田至今已经开发了50年,主产油区喇、萨、杏油田已进入特高含水期开采阶段,地下剩余油高度分散,可调整挖潜的油层较少,致使油田开发调整难度进一步加大,开发投资成本不断增加。

为保持油田持续有效的发展,实现年产 $4000 \times 10^4 t$ 的稳产,大庆油田近期提出开展三次加密调整挖潜方法研究及技术效果研究、加大水驱油藏调整挖潜力度、提高油层有效注水、治理动用状况不好低压低产油层、总体改善水驱开发效果的要求,最终实现油田水驱产量占整体产量的60.0%以上,采收率提高到60.0%以上"双六十"的奋斗目标。

第一节　剩余油

一个油藏经过某种采油方法开采后,驱油剂不能波及或驱油剂波及但还不能被驱替出来,仍残存在地下的石油,就是油田的剩余油。

一、剩余油的分布

在注水开发过程中,由于层间和平面矛盾的存在,总有一些油层动用的很好,同时也有一些油层未动用或基本未动用,这些尚未动用的油层储有一定数量的剩余油。

目前油田剩余油主要分布在以下四个不同的区域：

(1)井网控制不住的油层部分"滞流区"；

(2)层间干扰、平面失调低渗透油层难采的"滞流区"；

(3)严重污染、油层作用难发挥的"污染区"；

(4)开发层系外未射孔的"潜力区"。

国外大量研究结果表明，油田剩余油的分布形式与数量如下：

(1)存在于注水过程中水未波及的低渗透层或是水绕过低渗透带中的平面剩余油，这类剩余油约占总剩余油量的28.0%；

(2)由于地层压力梯度小，在油不流动的油层部位(滞留带)中存在的剩余油，这类剩余油约占总剩余油量的19.5%；

(3)未被井钻遇到的透镜体中的剩余油，这类剩余油约占总剩余油量的16.0%；

(4)一些小孔隙中被毛细管束缚的剩余油，这类剩余油约占总剩余油量的15.0%(图3-1)；

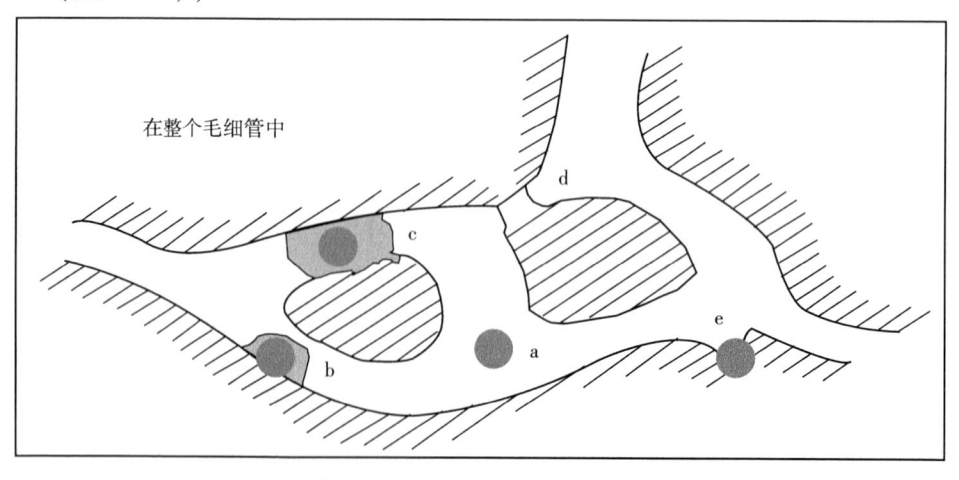

a—岛型；b—半岛型；c—堵塞型；d—极微孔隙型；e—死胡同型

图3-1 残余油在毛细孔道中的分布示意图

a—残余油位于毛细管中央；b—残余油紧贴毛细孔道的一侧；c—残余油堵塞毛管孔道四壁；
d—残余油停留在仅有一微孔隧道的孔隙中；e—残余油停留在完全封闭的死孔隙中

(5)以薄膜状的形式存在于储集岩层表面上的剩余油,这类剩余油约占总剩余油量的13.5%;

(6)局部不渗透的遮挡处(如封闭断层等)的剩余油,这类剩余油约占总剩余油量的8.0%。

二、剩余油形成的主要影响因素

目前在油田开发过程中,剩余油分布主要受地质和开发两个方面因素的影响。

地质因素主要包括油藏的非均质性、构造、断层等。开发因素主要包括注采系统的完善程度、注采关系和井网部署、生产动态等。其中,油层的非均质性是造成油田剩余油存在的主要内在因素。

在已经开采的油层中,高渗透、中渗透、低渗透层,厚油层、薄油层、表外储层之间,层与层相互沉积叠罗交叉在一起,物性变化很大。在纵向上单油层与单油层之间,平面上井与井之间,在同一开采条件下,水洗程度、动用状况差异较大,在注入水未波及的部位残留着大量的剩余油。

另外,开采条件不适应是造成油田剩余油存在的主要外在因素。

油田制定实施开发方案以后,由于一套井网所钻遇的生产井注、采井距大,开发层系划分粗或分层开采状况不好,往往使得层系中未被控制的油层,在注采不完善的井区内残存着大量的剩余油。

初期投入开发的油田,由于井网稀在层系划分上一般较粗。在低渗透油层与高渗透油层合采时,低渗透(低产)油层往往受井筒中层间和砂体内部平面矛盾的影响,在注水已推进或未被水波及到的地区,留有未被开采出来的剩余油。在部分砂体形态较复杂、渗透率较低的油层,因为得不到有效合理的开发,也同样留有未被开采出来的剩余油。

当前,人们将含油饱和度作为描述油田剩余油的指标。根据大庆萨、喇、杏油田相对渗透率曲线得到残余油饱和度以及各类油层含油饱和度的变化范围,确定了含油饱和度界限,即含油饱和度小于30%为残余油;含油饱和度在30%～40%之间为低饱和度残余油;含油饱和度在

40%～50%之间为中饱和度残余油;含油饱和度大于50%为高饱和度残余油。

剩余油的存在,是油田后期挖潜的物质基础,通过加深对地下地质体的认识和改善开采工艺水平等措施后,地下剩余油是可以逐步被人类开采出来的。

第二节 井网加密

我国已开发的油田大都是陆相沉积形成的,由于陆相沉积储层所具有不稳定性及严重的非均质性,因此在稀井网条件下不可能一次完成对它的认识,制定的开发方案也不可能一次达到油田开发指标的最高要求。

目前,国内外已开发的非均质多油层油田,受油层特性差异大、不宜同井合采的影响,基本上都采取多套层系、多次布井的调整方法。

一、利用井网加密技术挖掘油田剩余油

井网加密技术是在油田一次开采、二次开采之后,按照开发要求所钻的附加井。

钻加密井后可缩小原注、采井间的距离,控制储层的非均质性,改善水平层的连通性(图3－2),使油田注采关系得到进一步的完善;使原开发效果比较差的油砂体开发效果得到改善;使更多的地下石油储量直接受到水驱开采的影响。同时,经过井网加密还可以很好地寻找和采集到油田相对富集部位的剩余油,从而提高注入水的波及体积,减小生产井的层间和平面矛盾,增加油层纵向和平面的水驱控制程度,最终提高油田的开采速度,延长油田的高产稳产期。

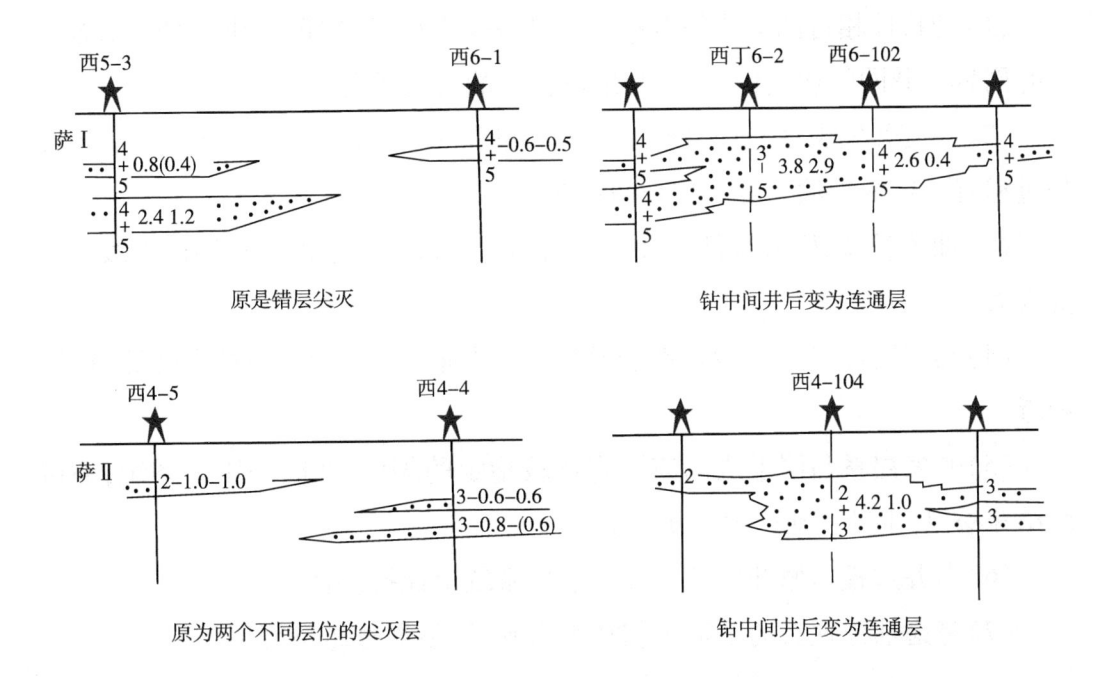

图 3-2 钻加密井前由不连通油层至钻加密井后变为连通油层示意图

二、井网加密层系的划分与组合

井网加密后在开发层系划分上,国内外油田都以油层的地质特征和原油性质为基础,并考虑到经济技术条件,对油层多、厚度大的油田,划分多套独立的开发层系同时开发。对渗透率低、储量较少、初期还不适应独立划分开发层系的油田,先将这部分油层整体保留下来,作为油田中后期开发调整的对象。

大庆油田在开发层系划分上:首先,分析油层的沉积背景,研究其沉积条件,沉积类型和岩性组合,把油层沉积条件相近的油层组合在一起,用单独一套开发层系进行开发。其次,从油砂体研究入手,研究油层内部的韵律性和油层的分布形态及其性质。最后,对各小层获取的岩心资料、试油、试采资料中小层生产动态变化(生产能力、地层压力等)进行综合分析研究。

由于人们对油层的非均质性的认识不可能一次完成,井网加密层系划分需要考虑以下 6 个方面的问题。

（1）把特性相近的油层组合在同一开发层系内，以保证各油层对注水方式和井网具有共同的适应性，减少开采过程中的层间矛盾。

（2）一套开发层系应当具有足够的储量和一定的油层厚度，来保证油田开采过程有一定的采油速度和较长的稳产时间。

（3）油藏类型、构造特征、油水分布相对一致，油层平面分布渗透率级差不能太大。

（4）油层物性（厚度、渗透率、岩性等）、原油性质（黏度、相对密度等）应当相近。

（5）开发层系与层系之间应该有比较稳定的隔层，非同一压力系统，油层胶结疏松、易出砂的油层要有所区分。

（6）布井过程与原井网开采井在注采系统上保持协调。

（7）考虑油田现有的采油工艺技术水平，层系划分尽量简化。

三、井网的加密方式

针对原井网的开采状况，应采取不同的加密方式：

1. 油、水井全面加密

对于原井网开采状况不好的油层，且水驱控制程度很低，油层又具有一定的厚度并控制一定的储量。该井区应该对油、水井普遍加密，这种调整的结果会增加水驱油体积，提高采油速度。

2. 主要加密注水井

在原行列注水中间井排第二排间注水受效果差的区域，普遍加密注水井点，局部地区适量增加采油井点，这样可以有效地解决该地区注采失衡的问题。对于原面积井网采用此方法，方法应用于注采比低、注水井数少的井区。

3. 局部增加注、采井点

这种加密方式是针对局部地区注采不协调或可能出现剩余油滞留的油藏部位，通过增加零散注、采井点来完善其注采关系。

第三章 油田井网加密技术

第三节 不同注采井网的开采特征

井网是保证油层具有一定水驱控制储量的基本手段,合理的井网一是以最小的井网密度,获得最大的水驱控制储量;二是以最大限度控制油水运动的不均衡性,获取最大的波及系数。

大庆油田自20世纪60年代基础井网投产以后,主产油区为了不断改善开发效果,1973年开展了一次井网加密调整;1991年又开展了二次井网加密调整;1994年又在北二区东部和中区西部两个开发区块开展密井网试验,研究三次加密合理井网密度和经济界限,以后油田三次井网加密开始陆续在不同的地区、区块加以实施。

经油田井网加密,井网密度由加密前的7口/km² 左右,增加至目前的60口/km² 左右。加密井选择开采的油层也由初期中、高渗透好油层,逐步转由可动用的低渗透、表外等差油层。

经过三十年在主产油田上进行井网加密,带动和改变了整个油田水驱开采变化。油田的水驱控制程度、开发稳产年限、采收率均得到了明显的提高(表3-1、图3-3、图3-4)。

表3-1 大庆萨喇杏油田典型区块分类井单砂体水驱控制程度统计表

区块	基础井网 砂岩(%)	基础井网 有效(%)	一次加密井 砂岩(%)	一次加密井 有效(%)	二、三次加密井 砂岩(%)	二、三次加密井 有效(%)
北北块	79.0	82.7	84.7	86.1	81.7	92.4
北三东(葡、高)	80.1	80.4	82.9	85.9	84.8	84.8
北一断东	80.1	81.9	85.9	87.0	85.3	86.5
南六西	78.3	77.9	90.0	89.9	87.5	89.1
杏十一区	81.4	82.5	71.7	81.8	81.5	92.6
平均	78.2	78.7	84.8	87.8	86.0	90.5

注:摘自2005年大庆油田有限责任公司勘探开发研究院报告第34页。

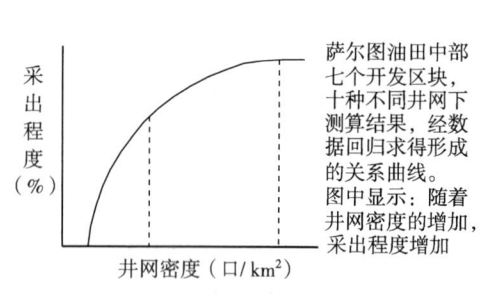

图 3-3 井网密度与采出程度关系曲线　　图 3-4 井网密度与采收率关系曲线

一、基础井网

基础井网是以认识油藏特点、开发好主力油层获取较高的经济利益为目的,在油田开发初期所部署的第一套开发井网。

基础井网部署前,首先需要做好油层的研究工作,并结合生产试验区的生产实践,确定开采原则。同时在井网部署和注水方式的选择上力求简单、均匀,最后还要综合考虑将来开发区内多套井网的相互配合利用等问题。

基础井网所布的各类生产井,在层系划分上一般较粗,这对于较稀井网开采主力油层基本适应。基础井网中的主力油层在投入开发以后,注入水在纵向上的不均匀运动,决定了主力油层先动用、先高产。这不仅对提高主力油层开发效果有重要的作用,同时还为其他油层的产量衔接做好了接替准备。

大庆油田对基础井网层系划分确定了以下三个方面的原则:

(1)将多油层划分为几个层系单独开发,充分发挥各类油层的作用。

(2)同一层系中各油层的分布状况和渗透率的高低与变化状况应尽量接近,使之对注水方式和井网部署有着共同的要求。

(3)有一定的有效厚度和储量,保证生产井具有一定的生产能力。

基础井网确定的开采原则是:

(1)具备独立开发条件、有稳定分布的油层及一定的油层厚度,油层物性比较好,控制油层储量一般在 80%~90%。

(2)井网部署均匀、注采关系相对完善,有利于开发过程中调整和控制,能确保层系间的相互综合利用。

（3）有较好的生产能力，投产前一般无需采取油层改造措施，投产初期生产能力较旺盛。

（4）油层有良好的隔层，能保证开发层系间不发生窜流。

20 世纪 60 年代，大庆油田开发的萨、喇、杏油田的基础井网，采用边内横切割早期注水的方式开采，利用注水井排将油藏切割成为较小的单元，将每一切割区看成一个独立的开发单元，分区进行开发和调整。在 3.2km² 的切割距内，一套层系采用行列注水。两排注水井中间部署三排采油井（或五排采油井），井排距为 500m × 600m，井网密度在 7 口/km² 左右。随着层间、平面矛盾的干扰和影响，20 世纪 70 年代，中间井排实施点状注水等治理措施，较好解决了中间井排采油井压力低的问题，同时也使得第一排采油井增加了注水受效的方向（图 3-5）。

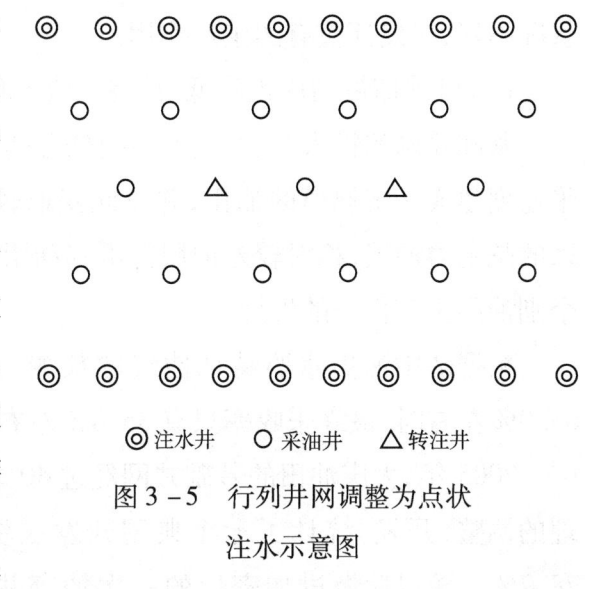

图 3-5 行列井网调整为点状注水示意图

在基础井网投入开发以后，暴露出以下三个方面突出的矛盾和问题：

（1）层间、平面矛盾大。

油层在纵向上的非均质性，使油层中层与层之间的渗透率、厚度、储量延伸范围等方面差异都很大。在多层开采过程中单层的吸水能力、产液能力、压力水平、开采速度、水线推进速度的不同，油层间产生着相互的干扰和影响。渗透率高的好油层采油速度高、见水早、局部高渗透带易发生舌进现象，从而减少了扫油面积，有些地方形成开采的盲区（死油区）。

（2）采油速度低、产量递减速度快，未动用油层厚度大。

基础井网在开发过程中暴露出层系划分粗、油层动用差的问题。

大庆萨中油田北一区断东区块，开发 20 年后的 1981 年，高含水的井数比例已占 75.8%，采出程度却只有 18.85%。连续 4 年出现产量递减，年综合递降率高达10.7%。采油速度由1.1%降至0.64%。

统计该区块油层的动用状况,在全区综合含水已高达76.88%~81.2%的情况下,单油层含水率大于区块含水的油层厚度只占40.6%~41.4%,还有剩余30.0%以上低于区块含水的油层厚度未被水洗,这些未被水洗的油层动用状况不好、未发挥应有的生产作用。

(3)可采储量动用程度低、最终采收率低。

基础井网的投入开发,它的主要任务是使油田能以较少的投入,较快的开采速度建成一定规模的油田,并以此获取较大的经济效益。由于基础井网开采的是主力油层,相对较差油层得不到动用。同时受层间干扰的影响,限制了个别油层生产作用的发挥。

根据萨中油田水驱特征曲线的预测,基础井网的可采储量动用程度在65.0%左右时,最终采收率只有35.0%左右。

2005年,大庆油田的基础井网经过40多年来对油层变化的不断认识和合理的调整、开发,统计了七个典型开发区块单砂体水驱控制程度平均只有78.7%。较以后经过加密后的一次加密井网(87.8%)和二、三次加密井网(90.5%)的水驱控制程度相比,均低10个百分点左右。

二、一次加密井网

受油田非均质程度的影响,基础井网中差油层动用状况不好。原稀井网大面积分布的主力油层实际上有许多变差部位,大面积尖灭区内实际还有发育较好的油层。同时,在钻遇的油层中还有相当一部分油层厚度未射孔,这部分油层还有一定的开采潜力。

一次加密井网正是以此为突破口,以细分开发层系,改善油田差油层的开采效果,提高油田采收率为目的,在油田原井网上部署新的一套井网。

大庆油田对一次加密井网布井、层系划分确定了以下原则:

(1)具备独立开采条件,自然投产的情况下具有一定的产能。

(2)以砂岩组为调整单元,考虑调整对象的沉积成因和渗透率级差大小,通过增加油层连通厚度,完善原有的注采关系。

(3)油层条件、油层性质接近,井段不宜太长。

(4)一次加密井网将井距由原基础井网的500m×600m缩小至250m×300m,井网密度增加至23~25口/km²左右。

对一次加密井网确定了以下开采原则:

(1)以细分开发层系、解决层间矛盾提高采收率为重点,将井均匀部署在基础井网的井排或井间。

(2)以油砂体为单元合理划分和组合开发层系,减小油层间的相互干扰和影响,形成一套合理的注采井网和独立的开发层系。

(3)加密井网后水驱控制程度进一步提高。

一次井网加密后,原受主力油层干扰和影响差油层的作用得到了较好的发挥,油田的可采储量、采油速度和采收率都得到了明显的提高。差油层的压力有了较明显的回升,开采状况得到了一定的改善。

大庆的萨、喇、杏油田,20世纪70年代以后陆续进行了一次井网加密,截至1990年底,共部署一次加密调整井达11000口,可采储量由12.4×10^8t,提高到17.9×10^8t,增加了5.5×10^8t。采收率由29.8%提高至42.9%,提高了13.1%。

其中萨中油田西区区块,经过一次井网加密调整后,采油速度由调整前的0.88%~0.98%,提高到1.5%~1.95%。水驱特征曲线预测采收率由31.0%~35.0%提高至40.0%以上,加密后水驱控制程度也得到了明显的提高。

三、二次加密井网

油田经过一次加密井网后由于继续受到层间矛盾的影响,仍有近三分之一的油层厚度和50.0%~60.0%的含油砂岩和未划含油砂岩(表外储层)厚度未得到较好的动用。

二次加密井网是在油田二次部署的另一套开发井网,主要以分散在各单砂层中动用差或未动用的低渗透薄差油层和部分具有开采条件的表外储层为开采对象。这些潜力层主要是在低能环境中形成的低渗透薄砂层,单层厚度在0.5m左右。分布的类型:(1)与好油层合采条件下大片分布的外前缘相低渗透席状砂;(2)内前缘席状砂中低渗透或特低渗透部位;(3)原开发井网未控制住的小型砂体。

二次加密主要开采目的是进一步完善一次加密井的注采关系,它的主要任务是弥补原井网老井的自然递减,通过对层系的进一步细分,开采未动用油层的那部分储量。

大庆油田对二次加密井网布井、层系划分确定了以"均匀布井、减小层间矛盾,强化注水系统、协调新老井关系和适应调整层特点"为基本原则:

(1)以完善加密井的注采关系,调整不同受效方向的注采强度,进一步减小层间、平面矛盾、增加水驱厚度为目标。

(2)调整井射孔应利用水淹带驱油,综合考虑新老油水井的分布,在砂体平面上不均匀射孔,有目的对未见水或低含水层进行射孔,充分挖掘难采储层的潜力。

(3)对油层厚度较大(一般在2.0m以上)但动用不好的厚油层,调整井开采要有意识地加以培养,使其发挥应有的生产作用和效果。对未动用或动用状况不好、水洗程度低的薄、差油层,采取对症的挖潜措施,使单井、区块的产能达到设计指标。

(4)二次加密井网井距缩小至250m×250m,井网密度增加至40~45口/km²左右。

对二次加密井网层系划分确定了以下主要原则:

(1)油层射孔、层系划分要协调好新、老井的注采关系。

(2)表内外储层尽可能实行单独开采,以减少相互的干扰和影响。

(3)油层性质接近、层段尽量集中。

(4)具备单独开采的条件,具有一定的生产能力。

油田经过二次加密井网,完善了砂体新、老井平面注采关系,较好地解决了平面矛盾给油田开发效果带来的负面影响,原动用状况不好的油层,油层连通厚度增加,层间干扰进一步减小,同时由于单独开采差油层消除了主力油层的干扰,差油层的动用状况得到进一步的改善(表3-2)。

表3-2　萨喇杏油田二次加密井网对一次加密井网完善注采关系效果对比

阶段	北北块 砂岩(%)	北北块 有效(%)	北三东(葡高) 砂岩(%)	北三东(葡高) 有效(%)	南六西(葡高) 砂岩(%)	南六西(葡高) 有效(%)	北一区断东 砂岩(%)	北一区断东 有效(%)	杏九区 砂岩(%)	杏九区 有效(%)	杏十一区 砂岩(%)	杏十一区 有效(%)
一次加密	71.44	74.67	74.11	79.25	47.86	51.94	57.89	59.66	85.26	89.85	52.34	67.84
二次加密	84.66	86.12	82.94	85.86	90.04	89.91	86.99	89.08	90.65	94.30	71.69	81.80
提高值	13.22	11.45	8.83	6.61	42.18	37.97	29.1	29.42	5.39	4.45	19.35	13.96

大庆萨、喇、杏油田自1991年至2000年，共部署二次加密调整井达17000口，可采储量增加了 1.34×10^8 t。经实际计算：采收率由一次加密后的40.71%，提高到二次加密后的46.92%，提高了6.21个百分点，油田地下呈良性循环，油田的开采状况得到进一步的改善。

四、三次加密井网

油田三次加密井是在二次加密井网基础上进行的，油田经过二次井网加密且经过一段时间开采后，剩余油在纵向上高度分散、平面上分布极不平衡，可调油层的地质条件变得更差。

从大庆萨、喇、杏油田剩余油分布情况分析，由于油层平面的非均质，相对较好的部位已经水淹，只有油层的边部由于注采不完善和井网控制不住还存在部分剩余油。这些剩余油分布的主要类型有井网控制不住型、成片分布差油层型、注采不完善型、二线受效型、单向受效型、滞留区型、层间干扰型、层内未水淹型、隔层损失型等九种。

三次加密井网主要以完善单砂体注采关系，解决平面矛盾为主，调整的对象以油层性质更差的未动用或动用不好的表内薄层、差油层及表外层为主，它的主要任务是挖掘二次加密井网后注采仍不完善地区残留在地下的剩余油，以减缓油田产量的递减速度，延长油田的开采年限。

大庆油田对三次加密井网的布井和层系划分确定了以下原则：

1）三次加密井网的布井原则

以完善注采关系挖掘剩余油为目标，在精细地质研究的基础上，根据剩余油分布采用不均匀布井,合理井距确定在200m左右,在降低投资成本的基础上,扩大可布井的范围。为了更好地改善表外储层的动用状况,以完善调整对象注采关系为目标,设计中强调适当增加一定比例的注水井。同时严格选择射孔层位,尽可能单独开采表外储层。

三次加密井网的注入、采出井均采取压裂完井后投产的方式,以提高调整井的生产能力,获取最佳的生产效果。

2)三次加密井网层系划分的主要原则

(1)按照剩余油的分布规律进行层系划分,采取不均匀布井,以布采油井为主且采取选择性射孔。

(2)层系划分与原井网(二次、一次加密井网)综合考虑相互利用,做到有利于进一步完善注采关系,提高水驱动用储量。

(3)表外储层是三次加密井的物质基础,尽可能让表外储层单独开采,以减少层间干扰带来的不利影响。

(4)保证加密后的生产井具有一定的物质基础(油层厚度、可采储量)和生产能力(产能)。

(5)考虑三次加密采油经济不合理的情况下,可以和三次采油方法相结合,层系上相互衔接做到一井多用,以获取较大的经济效益。

(6)三次加密井的井距缩小至200m×250m,井网密度增加至60口/km²左右。

由于三次加密井是以开采薄差油层和表外储层为主,投产的采油井自然产能低,注水井吸水能力也较差。通过应用限流法压裂完井工艺技术和对部分井投产前先实施压裂、酸化等措施来改造油层,可以有效挖掘三次加密井的生产潜能,使其动用状况有着明显的改变。

2000年以后大庆萨、喇、杏油田,在39个开发区块共部署三次加密井近10000口,预计可采储量增加3000×10⁴t。大庆萨南六区经三次加密调整后,采收率预测可提高1.36个百分点。

油田经过三次井网加密进一步完善了油、水井间的注采关系,油田水驱控制程度得到明显的提高。多向连通受效层明显增加,薄差层和表外储层的动用程度有了明显的改善(表3-3)。

表3–3 三次井网加密对二次井网加密油层提高动用程度效果对比

区块		二次井网加密井 砂岩(%)	二次井网加密井 有效(%)	三次井网加密井 砂岩(%)	三次井网加密井 有效(%)	砂岩厚度提高值(%)
中区东部	薄差层	53.6	56.7	81.3	79.4	37.7
	表外储层	37.4	—	77.6	—	48.6
南六区中块	薄差层	76.0	74.0	70.3	66.4	16.9
	表外储层	29.3	—	47.8	—	33.8
杏1~3区试验区	薄差层	60.9	60.7	74.3	62.9	29.2
	表外储层	41.4	—	61.1	—	35.8
中区西部	薄差层	63.0	62.6	71.7	55.6	26.5
	表外储层	43.1	—	52.0	—	29.6
北二区东部	薄差层	62.4	60.3	49.0	50.0	18.4
	表外储层	34.1	—	43.4	—	28.6

注:摘自大庆油田公司2000年度油田开发技术座谈会材料之3《三次加密调整专题材料汇编》。

第四章 油田稳油控水技术

注水开发油田是靠注水来补充地下驱油能量的方式进行开发的,在油田进入高含水期开采以后,随着油田综合含水的不断上升,每采出1t原油伴随采出地下大量油层的注入水,注入水的地下补充量油水比例约为1:5(注采平衡)。

第一节 "稳油控水"技术的提出

国内、外油田的开发实践表明,大多数注水开发油田进入高含水期开采阶段以后,年产油量将开始逐渐出现递减,而且在无重大调整措施的情况下,年递减速度会逐年加大。

一、国外油田高含水期稳产的做法、存在的问题

国外俄罗斯罗马什金油田在高含水采油阶段,采取"提液稳油"的办法,通过不断提高油田的产液量,力求保证和实现油田的稳产。加拿大帕宾那油田则在保证现有油田设施的基础上,采用"稳液降油"的办法,来降低油田的递减速度,尽可能延长油田的稳产时间。上述两种方法的实施,两个油田的稳产年限只维持了6~10年。

第四章 油田稳油控水技术

俄罗斯罗马什金油田采取的"提液稳油"措施,提液方法主要包括增加生产井数、改善渗流条件、扩大已生产井的生产压差、提高生产时率等。

采取此种方法提液暴露的问题是:由于产液量的提高、增加,注水量也相应需要有较大幅度的增加,而此时需要地面设施建设工程进行重新的部署和增加,最终使得油田开发总体成本上升,经济效益变差。

同时,采取"提液稳油"的开发模式,油田的采油速度一般不高于2.0%;稳产年限一般只有7~12年;稳产期末综合含水一般不超过80.0%。由于该方法只考虑提液保稳产而未提出控水措施,势必给油田后期稳产带来不利的影响。

对于加拿大帕宾那油田"稳液降油"的办法,初期开采可能会出现短期采油强度大、速度高。但经过阶段时间开采以后,即使油田保持了产液量的稳定,随着油田综合含水的不断上升,产油量会出现逐年的快速递减。

采用这种开发模式,虽然在开采过程中能较好地控制油田产液量的增长,地面设施和生产井措施也不需要投入较大的工作量,但油田稳产期较短,一般不超过6~8年。因此,该方法同样会给油田长效发展带来不利的影响。

二、我国大庆油田对实施"稳油控水"系统工程的认识

大庆油田认真综合分析、总结了国外油田在高含水期的开采经验和教训,为避免对地面生产系统做过大的调整,有效控制油田生产成本的投入,在油田综合含水已高达78.9%的1990年,利用本油田油层多、层间差异大的具体情况,以及开发井数多,各类生产井开采不均衡的特点,优选各种调整措施来实现各类井产液和含水结构的调整,达到在有效控制产水量增长的条件下,实现油田较长时间的稳产。为此,提出了适合在此阶段实际开发的举措,"稳油控水"系统工程。

第二节 实施"稳油控水"所具备的条件和需要做好的主要工作

一、具备的条件

大庆油田在实施"稳油控水"技术前,具备了以下两条有利于实施的条件:

(1)在地质条件上,油田不同区块、井网、井点、油层水淹程度和储量动用程度存在较大的差异,平面、纵向还存有大量的剩余油,具备了今后稳产的物质基础。

(2)经过近三十年的油田开发,已积累较丰富的开采经验,研究并掌握了先进的分层开采、井网加密、低渗透油田开采以及套管损坏防治与修复等较先进的技术,具备了今后稳产的技术处理手段。

二、做好"注水、产液、储采"三个结构调整工作

大庆油田在实施"稳油控水"技术过程中,主要采取以下四种有针对性措施和办法:

(1)利用精细地质研究成果搞清剩余油的分布,为方案的编制提供依据。

(2)搞好分层注水、提高分注率、改善注水质量以及注采系统的完善工作。

(3)利用生产井自身和相互间的差异,制定结构调整方案,控制老井产量递减和含水上升速度。

(4)精心实施"3、6、9、10"系统工程,做好采油井堵水、转抽和"三换"以及压裂、钻投加密调整井生产效果的保障工作。

在保证上述四种做法实施的过程中,大庆油田将"注水结构调整"作为实

第四章 油田稳油控水技术

施"稳油控水"的基础;将"产液结构调整"作为实施"稳油控水"的手段;将"储采结构调整"作为实施"稳油控水"的重点。

1. 注水结构调整

"注水结构调整"指的是通过分层注水将一部分老井(基础井网)的注水量转移到新井(调整井网)上来,将一部分高含水、高产液层的注水量,转移到低含水、低产液层上来,以进一步搞好层间和平面调整,提高低含水、低产液层的开采效果,为产液结构调整奠定可靠的基础。在保证油田注好水、注够水的前提下,实现各类油层分层定压注水,在保持地层驱油能量的同时,适当控制高水淹部位的注水强度,合理提高低水淹部位的注水强度,最终达到提高水驱储量动用程度的目的。

所说的注好水,就是要以分层注水为基础,利用分层注水技术尽可能地扩大注入水的波及体积、减少低效和无效的水循环、提高注入水利用率。同时做到合理调配各层系、各个注水层段以及各个注水方向的注水量,使低压层的压力逐步回升,高含水层的压力、注水量得到有效的控制,各类油层通过合理配水都能充分受到注水效果的影响,为改变采油井的产液结构创造条件。

所说的注够水,就是通过注水使油田地下注、采实现基本平衡,油层压力保持稳定或略有回升。

大庆油田在注水结构调整上主要开展以下三个方面的工作:

(1)完善和调整注采系统进行注水结构的平面调整。

对于注采不完善的地区,通过转注部分老的采油井或在套管损坏严重的地区修复和重钻更新注水井,使原设计区域的注采系统得到完善。

(2)提高注水井的分注率进行注水结构的纵向调整。

对于受层间矛盾影响吸水存在差异的原笼统注水井,实施分层注水。按照油水分布状况及采油井的来水方向,原分层注水井的分注层段注水量做进一步的调整,以此来满足各类油层的生产需要。

(3)跟踪分析满足不断变化的产能需要。

根据油田各开发区块的产能变化需要,及时做好注水方案的调整工作。

对于不同压力水平的油层和开采区块,采取不同的注采比,较快较早地扭转低压井层的开采现状,为以后的持续稳产奠定一个好的基础。

大庆油田在坚持注好水、注够水的同时,在提高注水质量上下工夫。在实施"稳油控水"工作中,纯增分层注水井4338口(其中基础井网老井分层2430口,加密调整后新井分层2253口),分注率由1990年底的41.7%提高到1995年底的71.0%,提高了29.3%。同时,减少了基础井网的注水比例,提高了调整井网的注水比例,实现井网层系间注水结构的有效调整。

萨、喇、杏油田基础井网的年注水量由1990年24309.5×10⁴m³,降至1995年17635.2×10⁴m³,注水比例由75.9%降到44.3%。加密调整井网的年注水量由7707.8×10⁴m³,增加至22173.3×10⁴m³,注水比例由24.1%提高到55.7%,新增分层注水井3594口,分注率由42.4%增加至76.2%,提高了33.8%(表4-1)。

表4-1 萨喇杏油田注水结构调整效果统计表

时间(年)	基础井网 年注水($\times 10^4 m^3$)	基础井网 比例(%)	调整井网 年注水($\times 10^4 m^3$)	调整井网 比例(%)	分层注水 注水井数	分层注水 分层井数	分层注水 分注率(%)
1990年	24309.525	75.9	7707.805	24.10	4822	2046	42.4
1991年	23275.557	71.45	9300.903	28.55	—	—	—
1992年	22161.831	64.97	11946.896	35.03	—	—	—
1993年	19140.84	53.41	16693.57	46.59	—	—	—
1994年	15892.03	45.30	19298.40	54.70	—	—	—
1995年	17635.19	44.3	22173.36	55.70	7399	5640	76.2

注:数据摘自1995年大庆油田开发报告集巢华庆、胡博仲报告。

与此同时,根据采油井油层纵向的动用及水淹状况,在注水井吸水剖面上控制了原高吸水层段注入量,加强了低吸水和不吸水层段注水量,实现油层层间的注水结构调整。对于不同含水区域采取限制高含水井区的注入量,加强低含水井区的注入量,实现了油田平面上的注水结构调整。

大庆油田第一采油厂的中丁5－8井,分注前1990年6月与1990年12月对比,井组内的8口采油井日产液量由578t下降至531t,日产油由208t下降至121t,日产水由370m³上升到410m³,含水率由64.0%上升至77.2%。半年期间井组日降油87t,含水率上升了13.2个百分点。

1991年3月15日本井由笼统注水改为分层注水后,相邻8口受效的采油井日产液、日产油得到恢复,含水上升势头得到有效的控制。其中日产液量恢复提高至701t,日产油提高至208t,含水率下降至70.3%,取得了较好的分注调整效果(表4－2)。

表4－2 中丁5－8井组分注前后生产效果对比表

井 号	1990年6月(笼统注水)				1990年12月(分注前)				1991年6月(分注后)			
	日产液(t)	日产油(t)	日产水(m³)	含水(%)	日产液(t)	日产油(t)	日产水(m³)	含水(%)	日产液(t)	日产油(t)	日产水(m³)	含水(%)
中4－107	105	31	74	70.5	106	13	93	87.7	134	26	108	80.9
中4－108	37	12	25	67.6	24	5	19	79.2	27	10	17	63.0
中4－109	62	14	48	77.4	54	10	44	81.5	109	28	81	74.3
中丁5－7	46	16	30	65.2	34	10	33	76.7	53	18	35	66.0
中丁5－9	30	15	15	50.0	24	8	16	66.7	38	15	23	60.5
中6－107	96	26	70	72.9	85	14	71	83.5	161	38	123	76.4
中5－108	79	43	36	46.0	86	34	52	60.5	89	39	50	56.2
中5－106	123	51	72	58.5	109	27	82	75.2	90	34	56	62.2
合计8口	578	208	370	64.0	531	121	410	77.2	701	208	493	70.3

第四采油厂的杏5－1－丙水370井,经过层段细分注水量的调整,控制了相邻采油井主要见水方向层段的注入量,提高了非见水层段的注入量,使井组

内三口采油井平均单井日增油 2.6t,含水率下降 4.1 个百分点,同样也取得了较好的稳油控水效果(表 4-3、表 4-4)。

表 4-3 杏 5-1-丙水 370 注水井注水量调整结果统计表

调整前			调整后				
注水层段	1992 年 6 月		注水层段	1992 年 8 月		1992 年 12 月	
	日配注(m^3)	日实注(m^3)		日配注(m^3)	日实注(m^3)	日配注(m^3)	日实注(m^3)
萨Ⅱ5~16	40	39	萨Ⅱ5~10	20	19	20	25
萨Ⅲ3~11	20	19	萨Ⅱ11~16	0	0	0	0
葡Ⅰ5 及以下	40	33	萨Ⅲ3 及以下	60	57	60	64
全井	100	91	全井	80	76	80	89

表 4-4 杏 5-1-丙水 370 井组采油井生产状况统计表

井号	措施前				措施后							
	1992 年 6 月				1992 年 8 月				1992 年 12 月			
	日产液(t)	日产油(t)	含水(%)	沉没度(m)	日产液(t)	日产油(t)	含水(%)	沉没度(m)	日产液(t)	日产油(t)	含水(%)	沉没度(m)
杏 5-1-丙 371	48	23	52.1	493	42	28	33.3	438	38	26	31.6	490
杏 5-1-丙 363	25	13	48.0	314	24	14	41.7	277	24	14	41.7	405
杏 5-2-丙 402	41	24	41.5	132	39	26	33.3	113	44	26	40.9	169
合计	114	60	47.4	313	105	68	35.2	276	106	66	37.7	355

另外,根据第一采油厂实施稳油控水期间 449 口分注井的数据统计结果,分注后,油层纵向上的吸水更趋合理,限制层注水强度由 12.5m^3/(d·m),控制到 6.33 m^3/(d·m),降低了 6.17 m^3/(d·m);加强层吸水强度由 4.15 m^3/(d·m),提高到 7.97 m^3/(d·m),提高了 3.82 m^3/(d·m);整个油层吸水厚度比例由 66.3% 增加至 69.5%,增加了 3.2%;注入剖面调整结果更趋均匀、合理,为稳油控水技术实施奠定较好的地下物质基础。

2. 产液结构调整

"产液结构调整"指的是:在油田不同的开采阶段优选挖潜措施,有效地控制高含水地区、层系和井层的产液量,逐步提高低含水地区、层系和井层的产液量。只有降低高含水井产液比例或提高低含水井产液比例,产液结构含水才会降低,实现在稳定产油量的情况下产液量、含水上升速度得到有效的控制。

通过"产液结构调整"要达到以下两个方面的目的与效果:

(1)控制油田含水上升速度。

因为高含水井中总有一个乃至几个高产液、高含水层,这几个层的产液量占全井较大的比例,并严重干扰其他油层的正常出油。通过对高产液、高含水层实施堵水,可有效地降低全井的产液量(产水量),起到提高注入水波及面积和驱油效率,限制注入水在高含水层的产出。还可以扩大注入水在地下驱油波及面积和范围,减少低效或无效循环的注入水量,提高注入水利用率,使得在相同注水倍数下,采出油量增加,存水量提高,耗水量减少,驱油效率提高的效果。

(2)调整开采油层的层间矛盾。

随着油田含水的上升水相渗透率成倍增长,分层压力和流量的差异,给含水相对较低的差油层带来一定的干扰和影响,加剧了层间矛盾,抑制了其生产作用的发挥。当高含水、高产液的采油井堵水后,生产井流动压力下降、生产压差增大,差油层的作用可以得到有效的发挥,由此还弥补了因堵水造成采油井的产量递减。

大庆萨、喇、杏油田通过产液结构的调整,年产液量由1990年的$25827.17 \times 10^4 t$,增加到1995年的$26962 \times 10^4 t$,增加了$1135 \times 10^4 t$。其中基础井网减少$4713 \times 10^4 t$,调整井网增加了$5848 \times 10^4 t$。年产油量基本保持稳定,总量减少了$99 \times 10^4 t$。其中调整井网的年产油量增加了$921 \times 10^4 t$,基础井网减少了$1020 \times 10^4 t$。综合含水在基础井网上升2.94%的情况下,由于调整井网下降了9.6个百分点,使整个油田的综合含水仅上升1.35个百分点(表4-5)。

表4-5 萨喇杏油田产液结构调整效果统计表

时间(年份)	年产液量(×10⁴t) 基础井网/比例	年产液量(×10⁴t) 调整井网/比例	合计	年产油量(×10⁴t) 基础井网/比例	年产油量(×10⁴t) 调整井网/比例	合计	综合含水(%) 基础井网	综合含水(%) 调整井网	合计
1990	18863/73.04%	6964/26.96%	25827	2583/50.71%	2562/49.79%	5145	86.31	36.79	80.08
1995	14150/52.48%	12812/47.52%	26962	1563/30.98%	3483/69.02%	5046	89.25	27.19	81.43
差值	-4713	+5848	+1135	-1020	+921	-99	+2.94	-9.6	+1.35

注：数据摘自1995年大庆油田开发报告集巢华庆报告。

大庆油田第四采油厂的杏6-2-丙48井,1993年4月6日通过采取堵高含水、高产液的葡I$_{21}^{2}$层,同时压裂改造了低含水、动用差的萨II11-16、萨III5-11油层,全井的产液结构(剖面)得到了较好的调整,取得了较好的生产效果。

调整前后对比,全井日产液量下降,由88t降至68t,日降液18t。日产油量上升,由5t上升至33t,日增油28t。含水率下降,由94.2%降至51.3%,含水下降了42.9%。

第二采油厂的南2-5-丙38井,1991年8月实施堵水措施后既减小了本井的层间矛盾,发挥了原动用差油层的生产潜能,又促使相邻采油井平面矛盾得到调整,并实现了产能的有效接替和转移,产液结构调整效果显著。

本井堵水前后对比,日增油11t,日降水137m³,含水下降15.5%。平面相邻的3口采油井,日增液44t,日增油22t,含水下降2.3%。

3. 储采结构调整

储采结构调整就是通过不断发展应用新工艺、新技术和新方法,在搞清剩余油分布的基础上,调整油田剩余可采储量与年产油量之间的比例,力求使之保持相对稳定。通过储采结构调整力求增加可采储量,来提高差油层的储量动用程度。同时,还要力求使增加的可采储量同采出量保持储、采间的基本平衡。

主要的调整措施是增加开采低渗透油层的新井投产工作(包括为完善注采系统投产的加密调整井、更新井、补孔井等)和实施对原生产井中动用差油层的措施挖潜、油层改造,较好地保持油田的开采效果(表4-6)。

表4-6 萨中地区"八五"期间储采调整结果数据统计表

时间 (年份)	年产油量 ($\times 10^4$t)	可采储量 ($\times 10^4$t)	储采比	年增加可 采储量 ($\times 10^4$t)	其中	
					新井增加 ($\times 10^4$t)	综合调整增加 ($\times 10^4$t)
1990	1480	48178	13.92	—	—	—
1991	1504	49611	13.65	1433	1217	216
1992	1513	50768	13.33	1157	933	224
1993	1510	51517	12.86	749	619	130
1994	1507	52299	12.40	782	647	135
1995	1505	53056	11.92	757	633	124
合计	—	—	—	4878	4049	829

大庆油田自开发初期低含水开采阶段,就坚持早期分层注水保持油层压力的开发方针,油层分层能量充足,分层储量动用状况较好,主力油层和非主力油层的压力都比较高。中、高含水开采阶段以后,油田继续靠恢复压力来提高油层的压力水平,在含水率不断上升的条件下,采油井的生产压差不但没有缩小,反而在逐步增加。进入高含水开采阶段,经过"三个结构调整"不但使油田实现了稳产,控制了由产液量增长而引发的油田综合含水率的上升,还使油田的地下存水率得到了有效的提高。注入水在地下波及体积的增加,累积存水率随采出程度增长下降的趋势变缓,为油田今后的调整和挖潜、改善开采效果,补充能量积攒了后劲。

第三节 影响"稳油控水"效果的主要因素及效果评价

"稳油控水"技术是在精细地质研究、油田总体保持注采平衡的条件下,分别对各套开采层系、各个注水层段和不同注水方向的注水量进行调整。减少低效、无效循环的注水量和采出量,运用有效的改造措施和取得的"3、6、9、10"的措施增产效果,求得总体经济效益提高的方法。但由于油田非均质性的存在,油层纵向上和平面上仍存在较大的差异,进而给油田实现"稳油控水"工作带来较大的困难。

一、影响因素与解决的办法

1. 不同类型开发井及不同性质的储层含水、动用程度的不同

首先,对于动用、含水差异较大开发井及油层,通过结构调整来控制区块的含水上升速度;对于储层层间水淹程度不均匀,造成的油层剖面动用上的差异,要采取必要的调整改造措施来减小差异;对于油层压力水平、储采比的大小、井网部署时机等这些对整个"稳油控水"的措施效果产生一定影响的指标,也需要及时地做好相应的调整工作。

2. 不同类型开发井及不同性质储层的调整控制措施的有效性

在实施"稳油控水"技术过程中,采油井的调整挖潜对象是油田动用状况差或还未动用的油层,只有在注水结构调整的基础上,精心地选井、选层,实施对症的措施、才能达到措施后预想的增产效果("3、6、9、10"系统工程中,"3"指堵水措施增油3t;"6"指换泵措施增油6t;"9"指压裂措施增油9t;"10"指新井投产增油10t),从而确保整个"稳油控水"目标的实现。

二、效果的分析与评价

"稳油控水"技术实施后效果的分析与评价主要体现在：

(1)实施"稳油控水"技术是否达到原油产量稳定,含水上升速度减缓或得到有效控制,地层压力逐步上升的效果。

(2)储层的动用状况是否得到改善(采油井的产出剖面,注水井的吸水剖面厚度),井间含水差异是否减小,可采储量是否增加。

大庆油田在实施"稳油控水"技术的过程中,有理论与实践做依据,有科学的预测和超前的工作做指导,有科学配套的采油工艺技术和管理方法作保证,有效地控制了油田总产水量的增长幅度和油田的含水上升速度,老井年平均自然递减率下降,综合递减率保持在原有的水平,实现了油田连续五年年产 5500×10^4 t 以上的稳产效果(表4-7、表4-8)。

表4-7 大庆油田实施"稳油控水"前后生产数据对比表

项目内容	时间(年份)	年产油($\times 10^4$t)	未措施老井($\times 10^4$t)	当年新井($\times 10^4$t)	老井措施	产量递减率 自然(%)	产量递减率 综合(%)	综合含水率(%)
稳油控水前	1986	5555.33	5016.01	205.02	334.30	10.39	2.98	74.97
	1987	5555.32	5101.73	171.19	282.40	9.05	2.95	76.78
	1988	5570.29	5129.43	196.24	244.62	7.80	3.40	77.62
	1989	5555.56	5123.13	212.64	219.79	7.66	3.70	78.21
	1990	5562.24	5168.74	180.11	213.39	6.84	2.99	78.96
	平均	5559.75	5107.81	193.04	258.90	8.35	3.20	77.30
稳油控水后	1991	5562.33	5177.29	182.64	202.40	6.68	3.03	78.98
	1992	5565.83	5124.49	215.27	208.07	7.56	3.82	79.19
	1993	5590.19	5172.28	218.06	199.85	6.77	3.17	79.54
	1994	5600.52	5197.24	178.90	224.38	7.18	3.18	79.89
	1995	5600.69	5203.32	161.91	235.46	7.07	2.86	80.23
	平均	5583.91	5178.52	191.36	214.03	7.05	3.21	79.57

表4-8 大庆油田"稳油控水"期间与规划生产指标对比表

时间 (年份)	年注水量($\times 10^4 m^3$)			年产液量($\times 10^4 t$)			年产油量($\times 10^4 t$)			年底含水(%)		
	规划	实际	差值	规划	实际	差值	规划	实际	差值	规划	实际	差值
1991	33857	33838.02	-18.98	27640	22883.83	-765.17	5540	5562.32	+22.32	80.71	78.98	-1.73
1992	36392	35505.71	-886.29	29868	26902.92	-2965.08	5540	5565.83	+25.83	82.20	79.19	-3.01
1993	39123	36992.79	-2130.21	32284	27285.81	-4998.19	5505	5590.19	+85.19	83.70	79.54	-4.16
1994	42049	39437.35	-2311.65	34869	27722.93	-7146.07	5423	5600.52	+177.52	85.12	79.89	-5.23
1995	44970	42276.85	-2693.15	37429	28133.53	-9295.47	5300	5600.69	+300.69	86.36	80.23	-6.13
累计			-8340.28			-25160.98			+611.53			-6.13

大庆油田1991~1995年实施"稳油控水"期间,取得了巨大的经济效益。与规划指标对比多增加原油产量$611.55\times 10^4 t$,按照当时的原油油价745元/t计算,多创产值46亿元;累计少注水$8340.28\times 10^4 m^3$,少产液$25160.98\times 10^4 t$,少用电$15\times 10^8 kW\cdot h$,减少井下作业施工15000井次,按照油田实际发生的单位费用计算,节约生产费用98.8亿元;由于少产液、少注水,五年少建脱水、污水、注水站33座以及3280km管线和供电线路,节约地面建设费用5.2亿元;多增可采储量$2575\times 10^4 t$,用当时新增探明地质储量12元/t折算,创产值15.5亿元。同时"稳油控水"期间全油田综合含水仅上升了1.27个百分点(90年底78.96%,95年底80.23%),比规划目标降低了6.13个百分点,从而为以后油田的继续稳产奠定了坚实的物质基础。

大庆油田"稳油控水"技术的实施,效果主要表现在:一是油田继续保持了注采平衡,地层压力稳定;二是油田含水上升速度得到有效的控制;三是油田自然递减率和综合递减率控制在最好的水平。

"稳油控水"技术的实施,使大庆油田在此期间创出了稳产时间长、稳产期末采出程度高,油田含水上升率低于国内、外同类油田,地层压力始终保持在原始地层压力附近、地层能量比较充足,油田产量递减率低于国内、外同类油田等四个方面的高水平。

"稳油控水"技术作为高含水期油田开发的一种崭新模式,不仅突破了国外同类型油田"提液稳油"和"稳液降油"的旧模式,而且提出了非均质、多油层油田高含水期进行注水、产液、储采调整的新概念和新方法,同时还发展完善了一套高含水期油田开发结构调整的新工艺、新技术,开创了一条改善高含水期油田开发总体经济效益的新路子。是一项有利于延长油田高含水期稳产年限;有利于控制油田产液量过快增长;有利于扩大注入水波及体积,改善水驱油田开发效果;兼顾油田近期和远期战略目标,实现少投入多产出,保持油田长期高产稳产的有效开采办法之一。

第五章　油田水平井采油技术

水平井是在大斜度定向井应用后发展起来的一项非常规井采油技术。水平井最早出现在美国，全世界目前已完钻水平井2万余口，主要分布在美国、加拿大、俄罗斯等69个国家。

我国是继美国和苏联后第三个钻水平井的国家。最初，我国的水平井主要用于稠油开采、开发低渗透油藏及裂缝性油藏和控制水锥进。在油田开发的中后期，为了提高油田储层的采收率，才开始利用水平井开发较难开采的复杂断快油藏、高含水油藏、天然气藏等。

第一节　钻水平井采油

20世纪80年代以后，我国水平井的数量在逐年增加，技术也在逐渐的完善。水平井采油技术已成为油田生产后期提高采收率的有效手段之一，包括我国在内的世界各国，水平井在陆地或者海上油田的应用已经比较普遍，并取得了较好的经济效益。

一、水平井的特征

水平井是在油层井段，井身几乎成水平方向而向外延伸。它可以穿越多个大倾角油气层，相当于钻了一口大半径范围的井，使井眼控制的含油气区域增大。

水平井控制的泄油区是一个椭圆形体，而常规钻遇的直井控制的泄油区仅仅是一个圆柱形体(图5-1)。

第五章　油田水平井采油技术

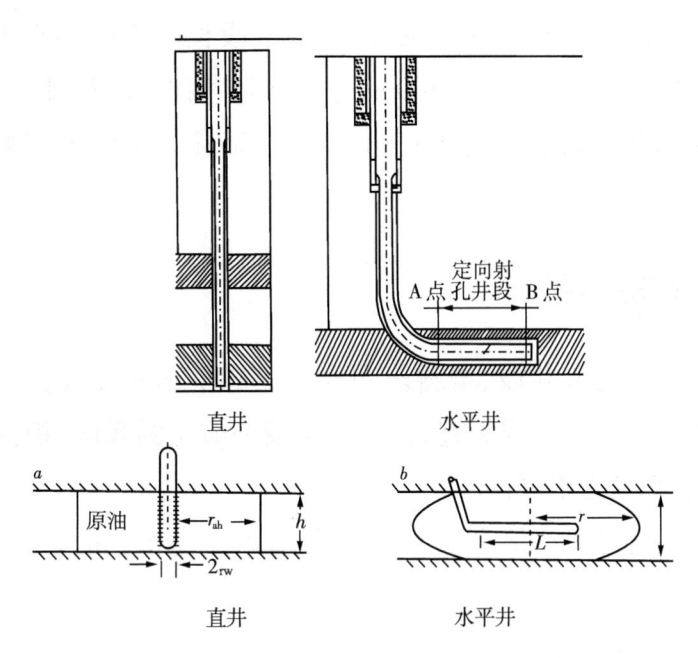

图 5-1　直井与水平井泄油区对比图

利用水平井采油的主要优点是:通过采油井的控制面积扩大,可有效地改善油层的渗流条件,一口水平井可代替数口直井,生产能力一般比直井可提高数倍。

300m 长的水平段,控制油藏的泄油面积是直井的 2~3 倍;600m 长的水平段,控制油藏的泄油面积是直井的 3~6 倍;在油田开发中布水平井可以减少布井的数目,仅 600m 长的水平井,就可代替 9 口直井(图 5-2)。

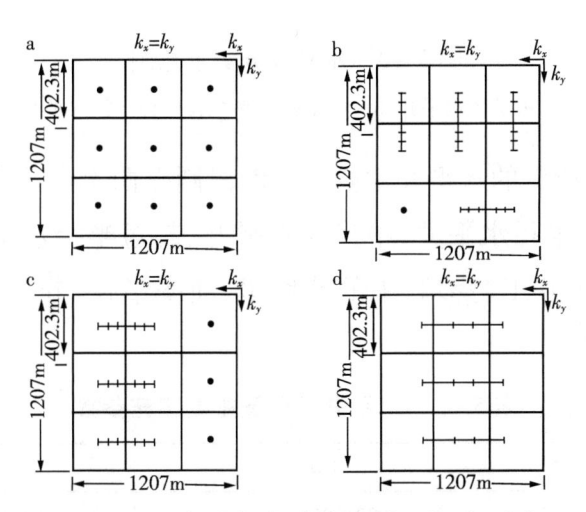

图 5-2　直井与水平井控制面积对比图

a—9 口直井;b—4 口水平井 1 口直井;c—3 口水平井 3 口直井;d—3 口水平井

水平井与控制可采储量的关系表明,水平段长度不应小于400m;与稳产关系分析,水平段长度不应小于500m;与经济效益评价结果评定,水平段长度在600~800m效果最好。因此,综合上述各方面因素考虑,水平井最佳水平段长度应为500~800m。

二、水平井的分类

水平井井身是由直井段、增斜段和水平段三个不同井段长度组成。直井段和一般直井钻进方式一样竖直向下,增斜段一般是圆弧段,根据造斜率的不同,增斜段圆弧半径是不同的。

水平段的钻进是在产层水平方向锥进,基本上呈水平的状态,也可以是上翘起的(图5-3)。

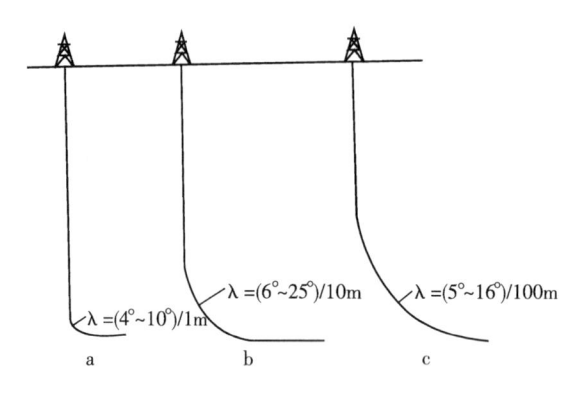

图5-3 水平井分类示意图
a—短半径水平井;b—中半径水平井;c—长半径水平井

目前,国内外所钻的水平井主要以增斜段圆弧曲率半径进行分类,大致分为四种类型,即长半径水平井、中半径水平井、超短半径水平井、短半径水平井。四种类型水平井工艺参数中的造斜率、曲率半径、分支情况各有所不同(表5-1、表5-2)。

表5-1 水平井类型及主要工艺参数

工艺参数	长半径	中半径	短半径
造斜率	<8°/30m	(8°~30°)/30m	(90°~300°)30m
曲率半径	>286.5m	286.5~86m	19.1~5.73m

续表

工艺参数	长半径	中半径	短半径
井眼尺寸	无限制	无限制	6¼in、4¾in
钻杆	常规	常规钻杆和加重钻杆	2⅞in
测斜工具	无限制	有线随钻测斜仪、电子多点测斜仪	柔性有线测斜仪或柔性MWD
取心工具	常规	常规	岩心筒长1m
地面设施	常规钻机	常规钻机	动力水龙头或顶部驱动系统
完井方式	无限制	无限制	只限于裸眼及割缝管

注：表5-1数据选自《世界石油开采技术新进展》。

表5-2 不同水平井钻遇种类

分类	钻遇水平井的种类		
井身轨迹	水平剖面型	缓慢倾斜剖面型	波状及短波状剖面
钻井方式	常规水平井		侧钻水平井
曲率半径	短曲率半径	中曲率半径	长曲率半径
分支情况	单支井	双支井	多支井

注：表5-2数据选自《世界石油开采技术新进展》。

1. 长半径水平井

长半径水平井弯曲半径较大，多用于钻较长井段的水平延伸井。钻井多开发海上油田，在海上平台钻这种井可以开采远距离的油藏，以节省建设海上平台的费用，在陆地则多在特殊地形下应用。

目前长半径水平井的水平井段最长可达3500m以上。

2. 中半径水平井

中半径水平井弯曲度较长半径小，而且在钻井技术要求上难度不是太大，是目前各油田常采用的水平井钻井技术。中半径水平井钻井的占地面积小、周期短、成本低，在裂缝油藏、稠油油藏、低渗透油藏广为使用。

3. 超短半径水平井

超短半径水平井也称径向水平井，它用特殊的喷嘴高压水冲蚀形成井眼，施工周期短、设备简单、费用低。超短半径水平井用于开发松软地层、浅油砂层和沥青砂油层,多在老油区恢复产能,提高生产井产量的地区内应用。

4. 短半径水平井

短半径水平井是在老井中经套管开窗侧钻而成,并可在面积更小的油藏范围内钻井。此类水平井多在复杂的储层、薄油层中应用,美国一些小型独立石油公司用其技术开采枯竭油气藏。

以上四种不同类型的水平井,所使用的工艺技术不同、应用的场合、暴露出的优势和缺陷也不尽相同(表5-3、表5-4、表5-5)

表5-3 长半径水平井的优缺点

优 点	缺 点
1. 穿透油层段最长(≥1000m)	1. 井眼轨道控制段最长
2. 使用标准的钻具和套管	2. 全井斜深增加
3. 使用常规钻井设备	3. 钻井费用增加
4."狗腿严重度"较小	4. 各种下部钻具组合较长
5. 可使用选择性完井方法	5. 不适合薄油层和浅油层
6. 可使用各种人工举升方法	6. 钻杆扭矩最大
7. 测井及取心方便	7. 套管用量大
8. 井眼及工具尺寸不受限制	8. 穿透油层段长度与总水平位移之比最小

表5-4 中半径水平井的优缺点

优 点	缺 点
1. 进入油层前的无效井段较短	1. 要使用 MWD
2. 使用的工具接近常规工具	2. 要使用抗压缩钻杆或加重钻杆
3. 全部使用井下动力设备	
4. 离构造控制点较近	
5. 可用常规套管和完井方法	
6. 井下阻力及扭矩较小	
7. 有较大和较稳定的造斜率	
8. 井眼控制井段较短	
9. 穿透油层段较长最大(1000m)	
10. 井眼尺寸不受限制	
11. 可以测井和取心	
12. 一口直井可钻多口分支井	
13. 可实现选择性完井	

表 5-5　短半径水平井的优缺点

优　　点	缺　　点
1. 井眼曲线最短	1. 非常规的井下工具
2. 容易侧钻	2. 非常规的完井方法
3. 能准确钻进油层窗口	3. 穿透油层段短（<180m）
4. 从一口直井可钻多口分支井	4. 井眼尺寸受限制
5. 直井段与油层距离最小	5. 起下钻次数较多
6. 可用于浅油层	6. 要求用顶部驱动或动力水龙头
7. 全井斜深最小	7. 井眼方位控制受限制
8. 不受地表条件限制	8. 不能电测

5. 特殊类型的水平井

水平井除上述四种类型之外，还有多种特殊类型的水平井，其中目前应用较多、效果较好的特殊类型水平井主要有：阶梯式水平井、多分支水平井、侧钻水平井以及大庆油田第一口"鱼骨"分支水平井。

1）阶梯式水平井

水平井在完成第一水平靶区后，通过降斜、稳斜、增斜段的调整，进入并完成第二水平靶区井段的水平井钻井技术。

阶梯式水平井能够取代多口水平井，可节约重复钻井投资，增加单井产量，可开发低渗透裂缝性油气藏、枯竭油藏，开发连续薄油层、断快油层、层叠式或不整合薄油藏等（图 5-4）。

2）多分支水平井

多分支井指的是在一个主井眼（直井、定向井、水平井）中钻出多个进入油气藏的分支井眼。当主井筒是直井时，分支井呈放射状，等于多个定向井或水平井，可有效开采单层或多层油气藏。当井筒为水平井时，分支井在水平井井筒内侧钻出多个井斜在 90°~150° 的逆斜分支井筒，呈梳齿状，可提高油藏的裸露程度，增加泄油面积，提高原油产量。

多分支水平井实现一井多采，以较小的成本获取最大的水平位移，同时还可根据油藏特征合理部署侧钻井眼的有效部位，挖掘高含水油田的剩余油。

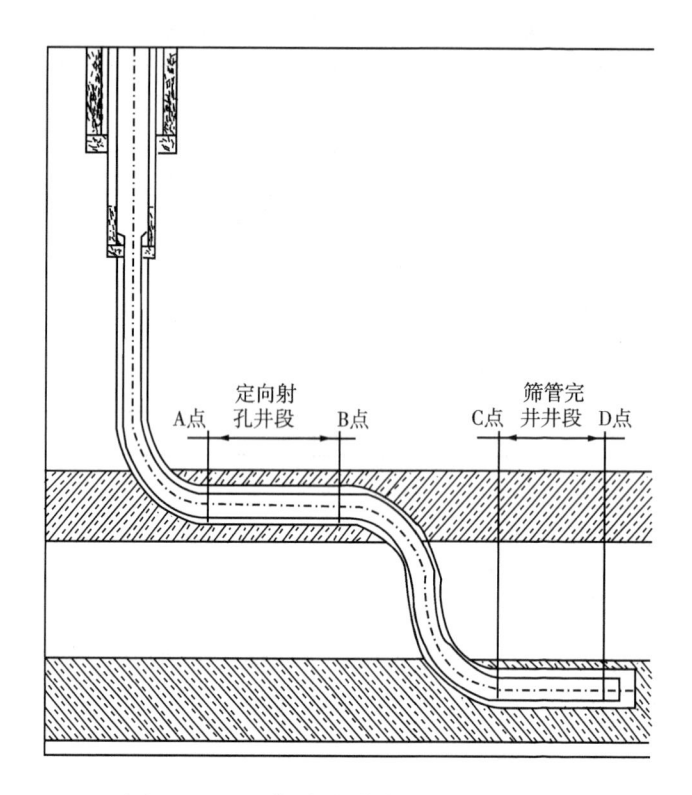

图 5-4 双台阶阶梯式水平井示意图

3）侧钻水平井

侧钻水平井是利用老井因低产、停产和套管损坏,在原井筒上开窗,向地下油层进行横向水平钻井的一门新的钻井技术。

侧钻水平井最大的优点就是可降低钻水平井的成本,可打开原封闭停采的油层,高效开采油田的剩余储量。

4）"鱼骨"分支水平井

"鱼骨"分支水平井是在水平井段向两侧再开两个以上的分支、其开口像是"鱼骨"。这种井具有一个主井眼和多个分支井眼,是利用分支井、水平井、侧钻水平井等多种钻井技术结合的一项新的钻井工艺,具有最大限度增加油藏的泄油面积,充分利用上部主井眼,节约钻井费用,有效提高采收率等诸多优点（图 5-5）。

"鱼骨"分支水平井现在大庆油田高 8 台 33 平 1Z 井钻井,在 2009 年 11 月下旬正式完钻,完钻后作为生产井生产。

第五章　油田水平井采油技术

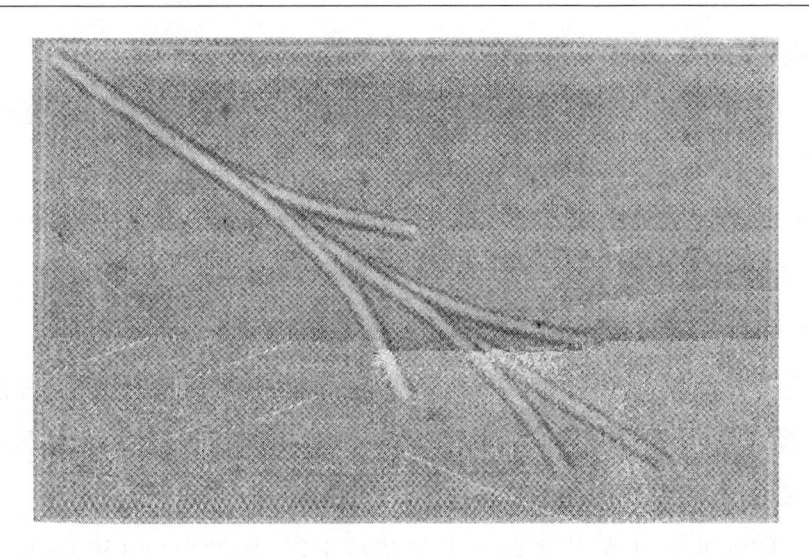

图 5-5　鱼骨分支水平井示意图

三、水平井完井过程的技术要求

1. 钻井质量要求

水平井的水平长度越长开发效果越好,这是众所周知的。但这个长度受油藏类型、钻井工艺、井眼稳定性和井的综合经济指标等条件制约,因此钻水平井要认真考虑当前的工艺技术水平、油藏条件及钻井成本等。

我国规定水平井井眼的井斜角超过 85°,井眼要沿基本是水平方向,且延伸到一定的距离。

2. 油气藏地质设计

水平井所适合的油气藏是:裂缝性油气藏、低渗透油气藏(稠油层、薄油层以及注水突进的层位)、油田开发后期未动用,生产能力较差的油层。

水平井还适合已开发成熟的油田,为使水平井的水平段位于欲开采油层的有效部位,需要用直井研究油藏的储层深度、厚度、岩石的孔隙度、绝对和相对渗透率、地层压力、岩石性质、油气性质、驱动方式等特性资料,以及用生产工艺来进行油藏描述,通过描述决定水平井的长度和井位。

3. 井位的选择

水平井井位的选择,应综合考虑以下六个方面的因素、条件:

(1) 构造、断层和油水分布关系比较清楚、简单。

(2) 砂体分布比较稳定,面积较大,连通性较好。一般砂体宽度应大于 300～400m,长度应大于 800～1000m。

(3) 低渗透油藏岩石的渗透率应大于 $5\times10^{-3}\mu m^2$;油层厚度一般要求在 6m 以上;油层要有良好的上下隔层,不易产生窜流;原油饱和度高、油层非均质程度低,有较大的储量和供液能力。

(4) 裂缝油气藏应具有足够大的面积和充足的供液能力,水平井段应避开出水的裂缝,防止开采油层过早水淹。水平井段岩石的垂直渗透率与水平渗透率之比要大于 0.1。

(5) 在稠油油藏钻水平井多在可采储量丰富,原油黏度 1500mPa·s 以内。当原油黏度超过 2000mPa·s,水平井应配合采用注蒸汽开采,这样才能有好的开采效果。

(6) 在水和气锥进的油气藏,水平井距底水和气顶的距离不能太近,一般要求相隔 20～40m,否则水和气容易突进水平井井眼。

第二节　不同条件下水平井的应用

当今,油田为减少钻井占用土地,节省生产建设投资,有效开发和利用地下油气资源,进一步搞好老油区的稠油开采、挖掘水驱油藏差油层平面范围内的剩余油,提高现有油田的采收率和整体经济效益,利用水平井技术采油,已成为油田开发过程中重要的措施手段。

一、水平井的应用范围

1. 老区油田

开发时间较长的老油田,自投产一直采用直井开采,在经济效益不允许重新扩大布井规模的情况下,通过在老井剩余油富集区采用侧钻水平井,来挖掘有效油层剩余的生产潜力。

2. 开采薄油层

薄层在国外一般是指厚度小于7.5m的油层,超薄层是指厚度不足2m的油层。

我国主产油田薄油层分布面积较大,采用直井开采薄层裸露的面积有限,难以形成一定的生产规模。而水平井对射开油层井段长,控制油层含油面积大的薄油层,可充分显露其优势,开采效果远远好于直井。

3. 低渗透油藏的开采

我国以层状砂岩油藏为主的低渗透油藏,在整个石油储量中占有较大的比例,单靠现有常规的开采工艺技术,会有相当一大部分石油储量难以被开采出来。水平井井段横穿面积大、井段长,可有效使贯穿到的部位低渗透油层的作用得到较好的发挥。

4. 地面条件

水平井适合沼泽、洼地、农田或居民居住区等地面投资相对较高的地区,既可以节省大量征地费用,又有利于保护周边环境(图5-6)。

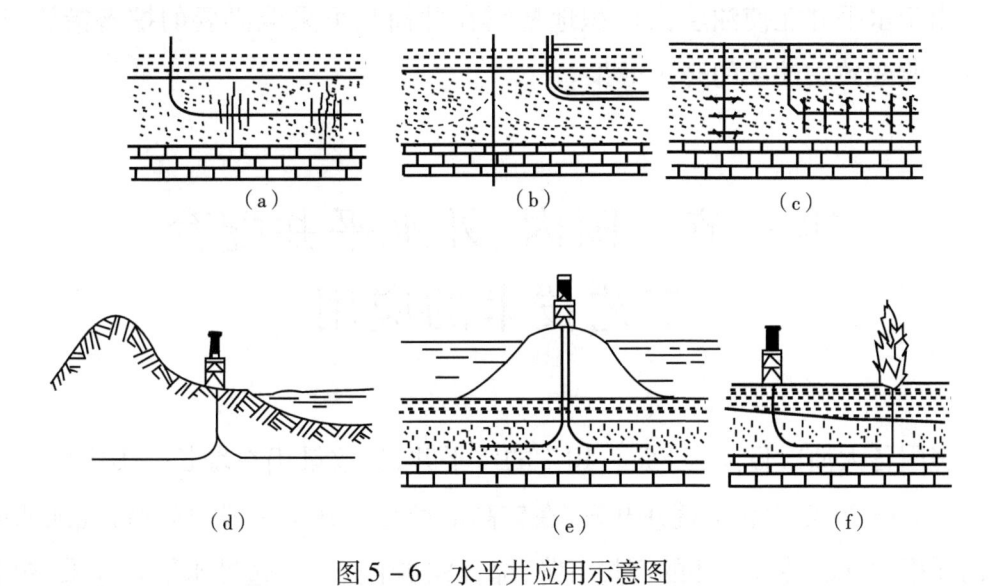

图5-6 水平井应用示意图

(a)裂缝油层;(b)水锥进油层;(c)重油开采;(d)井位受限层;(e)人工岛;(f)救援井

二、不同类型油藏水平井的应用

1. 天然裂缝性油气藏

水平井可以一次穿越许多个垂直的裂缝,使其连通油层厚度、地层渗透率增大,从而大幅度提高裂缝油气藏油层的产量和采收率(图5-7)。

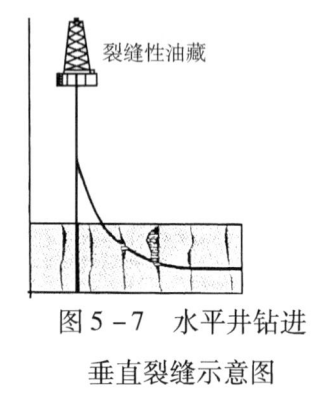

图5-7 水平井钻进垂直裂缝示意图

2. 稠油油藏

钻水平井可使井眼在油层有长的延伸,采取水平井注蒸汽,另一口水平井吞吐开采,产量是同为直井采取蒸汽吞吐开采的3~4倍。

3. 有底水、气顶油藏

因为水平井在这种地层中可有选择地在气顶和底水中间延伸相当长的距离,而直井却无法避开底水和气顶。

4. 致密油层

由于水平井能使油层大面积地暴露在井筒且可采取必要的挖潜措施,增产后可改变致密油层的开采效果。

第三节 国内、外水平井配套工艺技术的应用

美国各大油田目前有8%~10%的水平井,且数量仍在增长。美国的普鲁德霍湾油田70年代利用直井开发,在较高的产量下开采一段时间后,气顶的能量消耗很大、底水锥进、井的产量下降,综合成本上升。通过钻水平井开采,初期产量达到日产1770t,经控制井底压差日产仍为1000t,而周边直井的产量只有200t左右。

第五章　油田水平井采油技术

我国利用水平井开发油田相对起步较晚,但水平井投产后的效果却让人们刮目相看。1995年底我国陆上油田已钻水平井66口,钻井深度最深4300m,水平井段长超过500m,最高日产量达到1000t以上。

2004年冀东油田作为中石油主要上产油田,当年投产的水平井共有63口,日产油量达1130t,占整个油田总产量的三分之一,但投产井数却只有总投产井数的八分之一。

辽河油田杜84块是一个超稠油区块,2004年该区块共钻水平井12口,投产8口,平均日产油60.75t,与常规直井相比,水平井每轮次蒸汽吞吐产油量都有明显的提高。

西南油气田公司用水平井高效开发含硫气藏,在罗家寨等气田取得了良好效果。罗家11H井水平井酸化后,测试日产气量达$302\times10^4 m^3$,是邻井罗家1、罗家2直井初测产量的3~4.5倍。

塔里木油田2004年完钻水平井32口,经完井试油获日产$52m^3$的好效果。

大庆油田自1991年完钻第一口水平井以后,钻井技术不断提高、钻井周期逐步缩短,水平井的数量在逐年增加,开采技术也在逐渐的完善,对保持油田特别是低产油田的可持续发展起到了重要的作用(表5-6)。

表5-6　大庆油田历年水平井钻遇情况统计表

年份	井数(口)	井深(m)	水平段长(m)	钻井周期(d)
1991~1995	4	2137.00	599.00	64.25
1999	1	3792.00	1001.5	213.00
2002	2	2180.00	617.00	19.86
2003	12	2134.00	652.55	21.09
2004	8	2160.50	699.00	20.78
2005	10	2000.30	487.18	19.51
2006	48	2081.82	544.97	20.76

1991年9月外围榆树林油田完钻第一口水平井,井号起名树平1井,该井的完钻井深2388.88m,垂直井深1906.31m,水平井段长309.6m,投产后这口井的产油量是同地区普通直井的3倍。树平1井的投产不仅节省了占地面积、保护了周边环境,还降低了钻井成本、方便日常生产管理。

2002年以来大庆外围油田先后投产了10口水平井,单井平均日产液达

9.0t,日产油8.3t,含水7.8%,大部分水平井的生产能力和生产水平达到和超过纯油区调整井投产后的生产水平(表5-7)。

表5-7 大庆外围油田2002年以来水平井投产生产数据统计表

序号	井号	投产时间	投产后生产情况		
			日产液(t)	日产油(t)	含水(%)
1	肇55-平46	2002.07	13.0	Δ9.5	27.2
2	州62-平61	2003.01	9.2	Δ8.4	9.0
3	州66-平61	2003.08	6.8	6.6	3.0
4	肇53-平37	2003.12	4.8	4.3	10.0
5	肇57-平33	2003.12	17.3	Δ16.9	2.5
6	肇57-平35	2003.12	9.5	Δ9.3	2.5
7	肇59-平55	2003.12	10.3	Δ10.0	3.0
8	肇60-平33	2003.12	8.7	Δ8.4	3.0
9	肇60-平54	2003.12	5.6	5.5	2.5
10	州70-平61	2004.03	4.5	4.3	3.5
	平均值		9.0	8.3	7.8

注:日产油"Δ"符号表示生产水平高于纯油区调整井的生产水平

一、水平井开采技术

1. 水平井注水

水平井注水前缘推进均匀,油水界面的距离大,可有效推迟水的突破时间,油层见水和含水上升速度缓慢。水平井注水压力降分散在较长的泄油井段上,致使水平井的波及效率较高,注入速度和生产速度较快,需求的压力较低。

水平井在水驱过程中的注水方法主要有:直井注水—水平井采油、水平井注水—直井采油、水平井注水—水平井采油。

国外一些石油专家经过室内试验认为:水平井注水—水平井采油开发

效果较好,直井注水—水平井采油次之,水平井注水—直井采油开发效果较差。

2. 水平井采油

由于水平井开采低渗透油藏,开采过程多借助于辅助采油技术。其中,热力采油是其首选办法之一。目前,热力采油技术主要用于开采稠油油藏,包括注蒸汽、火烧油层、热水驱、电加热等。

水平井注蒸汽热采是水平井热采的主要方式,它可以在油藏中减轻蒸汽超覆,有效开采死油区的死油,缩短驱油期。还可以加速井筒到油藏的热传递,使原油黏度大幅度降低,扩大井眼与油层的接触面积、提高波及系数和生产能力。

水平井注蒸汽热采一般适合开采黏度不太高的普通重油油藏(图5-8)。

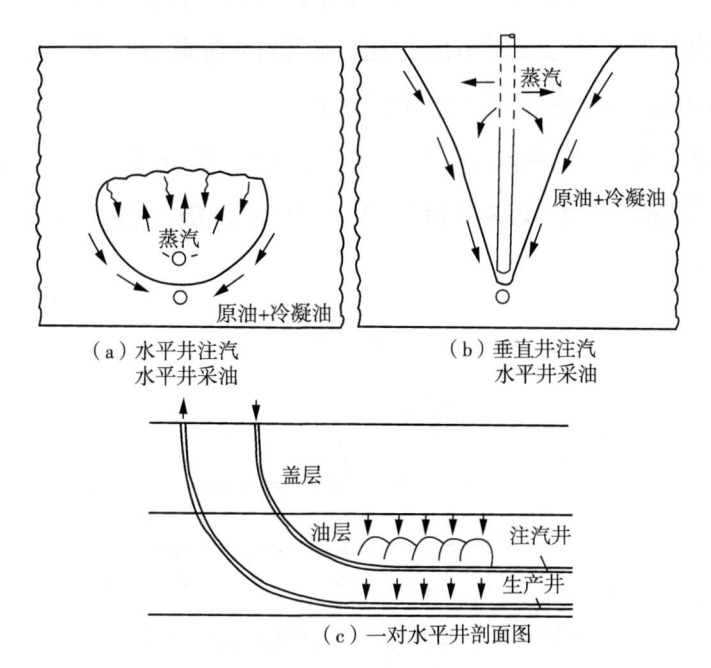

图5-8 水平井蒸汽辅助重力泄油示意图

另外,水平井通过采取环空加热蒸汽驱(HASD)和蒸汽辅助重力驱(SAGD)两种改进型技术,对于黏度大于 $4 \times 10^4 \text{mPa} \cdot \text{s}$ 的超重油或沥青油砂,也取得了较好降黏驱油的效果。

二、国内、外油田水平井增产技术

1. 水平井压裂工艺技术

水平井压裂，即在水平段内同一油层的多个部位上形成与井筒垂直或斜交的多条裂缝，以提高油层的渗流能力，获得较好的出油效果。

水平井压裂适用的条件：水平井压裂应选择天然裂缝油藏，产层与其上、下层应力差极小的低渗透油藏；渗透率很低的储层且含有不渗透的页岩夹层。

大庆油田水平井目前应用的规模较小，水平井压裂采取的工艺技术主要包含以下两种方法：

1) 套管分流压裂技术

该方法是采用套管直接作为压裂管柱，通过严格限制炮眼的数量和直径，并以尽可能的大排量施工，利用最先压开部位的炮眼进行限流，从而大幅度提高井底压力，迫使压裂液分流压开全部层段。

该工艺施工安全，周期短，有利于油层保护。但此项技术受射孔孔眼回压影响较大，只能保证多条裂缝都被压开，但单条裂缝的控制困难，改造强度易受影响(图5-9)。

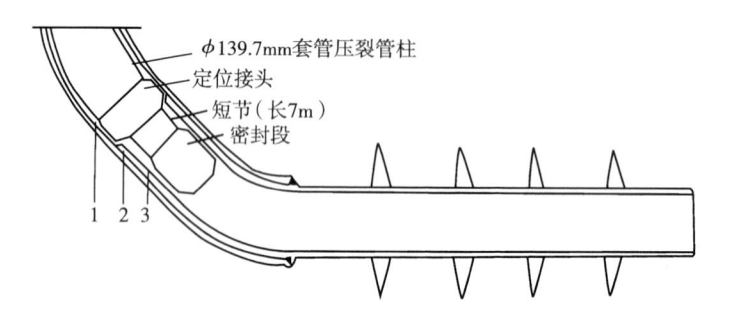

图 5-9 水平井套管分流压裂示意图

1—ϕ244.5mm 套管；2—尾管悬挂器；3—ϕ139.7mm 套管

2) 双封隔器分段压裂技术

该方法多与连续油管配合使用，压裂时利用导压喷砂封隔器的节流压差坐封压裂管柱，采取上提的方式，一次完成各层段的压裂。管柱结构由上到下依次为：油管、安全接头、水力锚、反洗井封隔器、导压喷射封隔器。

此项技术的优点是：裂缝的可控制性强、改造有针对性、改造强度可以提高。缺点是：施工风险大或施工周期长、成本高（图5-10）。

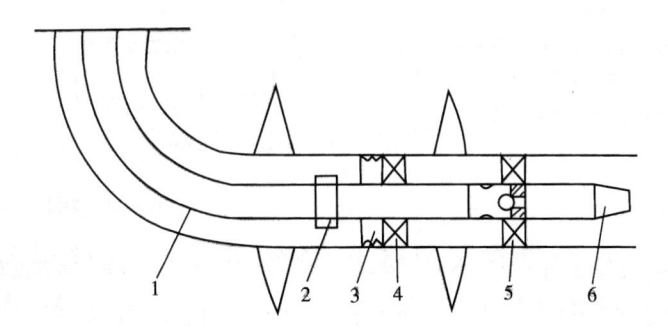

图5-10 水平井双封隔器单卡压裂示意图
1—φ62mm外加厚油管；2—安全接头；3—水力锚；4—反洗井封隔器；5—导压喷砂封隔器；6—导向头

2003年大庆油田第八采油厂完钻了多口多油层水平井，为了提高其开采效果选择两口井成功实施此项压裂技术，压后生产状况良好。

2. 水平井酸化工艺技术

解堵酸化及酸化增产是许多直井常用的增产措施，而水平井应用酸化工艺技术，由于水平段较长与地层接触面积大，酸化时需要大量的酸液，往往会使地层出现气、水窜槽。

大庆油田的水平井根据水平段长度的不同和水平段穿越油层的非均质性的不同，目前选用光油管笼统酸化、连续油管酸化、小直径封隔器胶筒密封分段酸化工艺。

1）光油管笼统酸化

该方法酸化前将油管下至水平段中部，施工过程中利用注入→暂堵→注入工艺来均匀酸化目的层（图5-11）。

该工艺适合水平段长度小于200m水平段的水平井和侧钻后水平井的酸化。

2）连续油管酸化

该方法酸化施工前，将连续油管下至水平段末端，酸化施工时当酸液到达井底后，在注入酸液的同时连续油管以一定的速度均匀后移，直至酸液全部挤

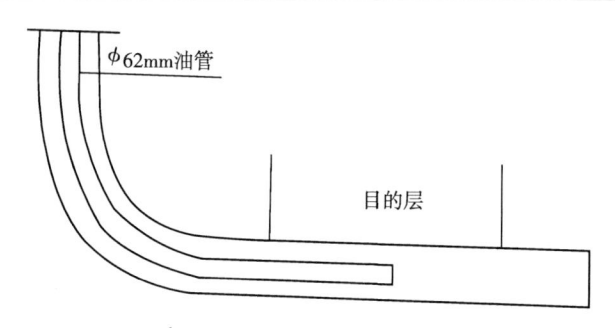

图 5-11 光油管笼统酸化工艺示意图

入目的层为止。

该工艺采用一种缠绕在大滚筒上,连续下入或起出的一整根无螺纹连接的长油管酸化(图 5-12),方法适合水平段长度大于 200m 且水平段油层渗透率相对较均匀,具有可连续向井下注入酸液,不需压井作业施工。

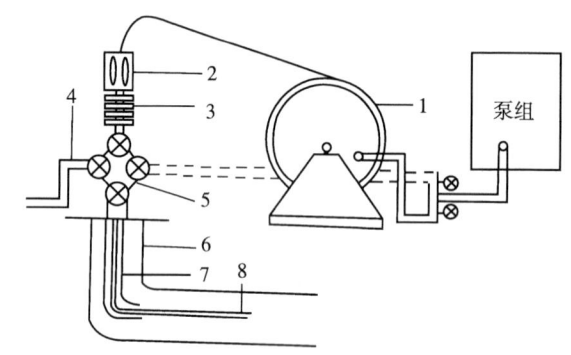

图 5-12 连续油管酸化工艺示意图

1—连续油管滚筒;2—注入头;3—放喷器组;4—放喷管线;5—控制头;
6—套管;7—井内管柱;8—连续油管

3) 小直径封隔器分段酸化

该方法酸化前,将管柱下到预定位置,挤注酸液进行注入→暂堵→注入工序,然后投球憋压打开滑套,封堵下部层段。打开上部层段,即可依次对上部其他层段分段酸化。当全部酸液挤注完成后,投球打开滑套开关器,即可进行排除酸液。

该工艺适合水平段长度大于 200m,且水平段油层渗透率非均质性严重的水平井酸化。工艺管柱为酸化排酸一体化管柱,一趟管柱可实现 2 级投球 3 段处理(图 5-13)。

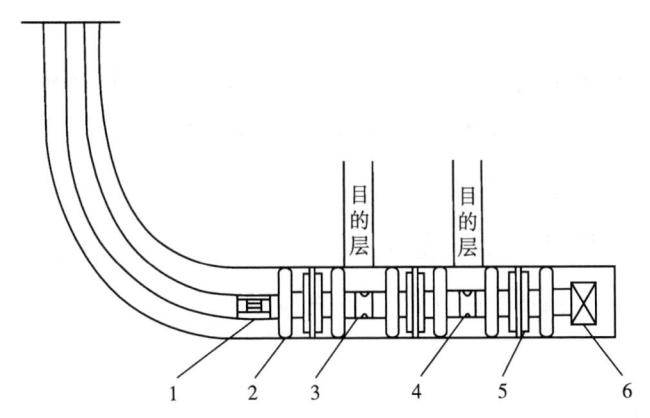

图 5-13　小直径封隔器分段酸化工艺示意图

1—滑套开关器;2—扶正器;3—喷砂器1;4—喷砂器2;5—K344-98型封隔器;6—丝堵

国外油田水平井实施酸化工艺,采取的方法主要是小型选择性酸化,就是在油层整个处理过程中不断使用诸如高分子胶体等临时堵塞剂,方法除减少了酸液的用量又增加酸处理的效果。

如印度尼西亚 Bima 油田 BatuRaja 地层使用一种乳化酸,该酸液是由盐酸及二甲苯配制而成。该体系是由一定黏度的酸为内相乳化液,乳化液的黏度有助于酸的均匀分布和延缓反映,因此整个过程只用少量的酸就起到有效酸化目的层的作用。

另外,法国某油田的一口水平采油井酸化,此时环形空间与井口相通。酸前,首先关闭环形空间,然后通过油管内的循环液把酸送到井底,注入一段塞,然后注一段胍胶,后面在注一段水,要求这三个段塞的体积等于酸塞的体积。这一阶段操作的目的,是强化酸渗透在井壁并清洗井底,使水平井段内的酸液被一定体积黏度的流体所取代,酸在以后的操作过程中不再运动,之后连续重复上述操作步骤,直至整个产层得到处理。每次都把新注入的胶体和泥浆界面看做是井底,整个酸化在一天内完成。

这口水平井酸化后,采油指数由 $26.7\text{m}^3/(\text{d}\cdot\text{MPa})$,上升到 $65.5\text{m}^3/(\text{d}\cdot\text{MPa})$,产量比酸前增加了 25.0%。

3. 水平井堵水工艺技术

非均质严重的水平井投产后受底水或边底水的影响,往往可能出现底水锥进引起水平井含水上升速度过快,影响开发效果的问题,因此需要采取必要的堵水措施。

目前大庆油田水平井堵水的办法,主要选用国内其他油田成功的选择性化学堵水技术,并在原技术的基础上加以完善和提高。

1)单封隔器结合填砂(胶塞)封堵工艺

该工艺管柱的主体结构由安全接头、水力锚、两套扶正器(上下各一套)、密闭扩张式封隔器及节流嘴组成(图5-14)。

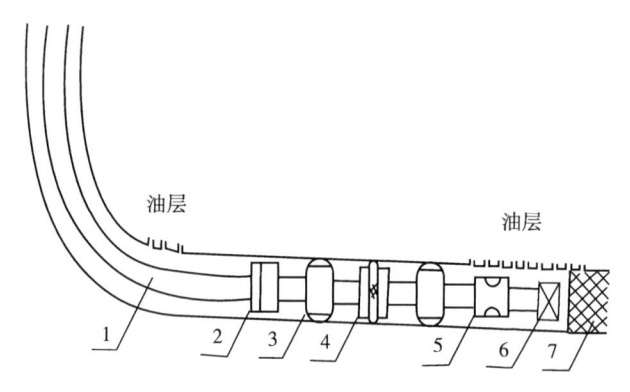

图5-14 水平井单封隔器结合填砂(胶塞)封堵工艺示意图
1—2⅞N80外加厚油管;2—安全接头;3—扶正器;4—K341-114密封式封隔器;
5—节流嘴;6—丝堵;7—胶塞

施工过程中填砂或打入胶塞后,下入封堵管柱,要求水力锚处于直井段,封隔器处于封堵层位之上。通过地面打液压,靠节流嘴产生的节流压差坐封密闭扩张式封隔器并锁紧,向封堵层段注入选择性化学堵剂,然后套管打液压,解封封隔器,活动上提封堵管柱到直井段。之后地面继续打液压,靠节流器产生的节流压差坐封密闭扩张式封隔器并锁紧,候凝12h活动上提封堵管柱解封封隔器,整个施工结束。

该工艺具有结构简单、密封可靠,适于封堵底部水层等特点。

2)双级封隔器封堵工艺

该管柱由安全接头、水力锚、扶正器、密闭扩张式封隔器及节流嘴组成(图5-15)。

通过地面施工下入封堵管柱,要求水力锚处于直井段,上下封隔器卡封堵目的层。由地面打液压靠节流嘴产生的节流压差坐封密闭扩张式封隔器并锁

第五章 油田水平井采油技术

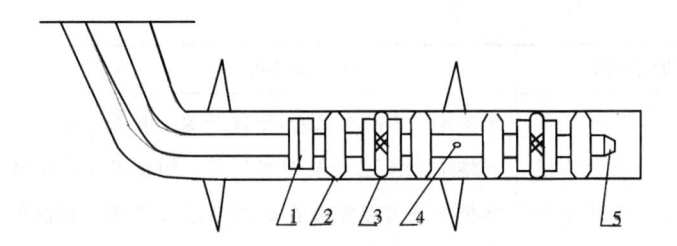

图 5-15 水平井双封隔器堵水工艺示意图
1—安全接头；2—扶正器；3—K341-114 密封封隔器；4—节流嘴；5—导向头

紧，然后封堵层注入化学堵剂后候凝，套管打液压解封封隔器，活动上提封堵管柱到直井段，地面继续打液压，靠节流器产生的节流压差坐封密闭扩张式封隔器并锁紧，候凝12h活动上提封堵管柱解封封隔器，起出化学封堵管柱，整个施工结束。

该工艺具有封堵针对性强，可任意单卡堵单层等特点。

三、水平井举升工艺、生产测井技术

1. 水平井举升工艺的优化

大庆油田在水平井应用过程中，对目前普及应用的潜油电泵井、抽油机井、螺杆泵三种主要举升方式井的安全性、供排协调性、配套性和经济性进行适应性评价，得出主产油区产能高的水平井，潜油电泵井较适合。外围低产油区产能低的水平井，抽油机井、螺杆泵井较适合（表5-8）。

表 5-8 水平井举升工艺适应性分析结果

举升方式	应用情况	适应性分析	评价结果
潜油电泵井	通常在大排量水平井中使用，多用于 7½in 以上的套管，在海上油田广泛应用。	在产能充足的条件下，推荐泵下在直井段。对于高油气比的生产井，下泵深度在弯曲段时，能够减少气的影响，提高泵效。同时需要考虑井下泵的起下通过性，电机部分需要进行扶正，以避免与套管接触部分液流不畅，散热不及时。	主产油区的井可应用，外围油田不适应。

续表

举升方式	应用情况	适应性分析	评价结果
抽油机井	国内外水平井广泛应用,尤其在国内陆上油田水平井中普遍使用。	主要用于供液不足井,中深井及不具备其他举升工艺开发的水平井。根据具体情况泵可以安装在垂直井段或弯曲井段的切线部位。	外围低丰度油田及主产油区可使用。
螺杆泵井	在水平井中应用逐渐增多。主要用于海上油田及7in以上套管井。	泵挂可在直井段或弯曲段,泵深在弯曲段时,杆柱磨损加剧,必须进行良好的扶正处理。对于产能较低的井,要防止烧泵。	进一步开展相关试验研究

2. 水平井生产测井技术

目前国内、外水平井生产测井主要采用以下两种技术加以完成。

1)连续油管传输(CLC)电缆测井技术

连续油管传输(CLC)电缆测井技术,可以在地面没有井架的情况下实现,测井工具装在挠性油管上下井,并通过一条事先装在连续油管内侧的电缆同地面连接。

美国德莱塞、阿特拉斯公司研究一种连续油管测井系统,是将螺旋管与测井仪器连接在一起进行测井。该系统在水平井中能光滑地推拉测井仪器,以保持测井仪器测速均匀,并连续测量,在深井中不受温度变化的影响(图5-16)。

2)泵送铤杆测井技术

法国和意大利设计的泵送铤杆测井技术,该方法是将下井仪器与油管接头连在铤杆上,铤杆又与一个推进器连接。这个推进器将油管柱体积密封,推进器悬挂在标准的1.17cm(0.46in)7芯测井电缆上,所有这些构成导电通路。测井时,铤杆和

图5-16 连续油管工作示意图

第五章　油田水平井采油技术

扶正器总成首先借助于重力下入油管柱中,当该总成的重力不足以使其继续下沉时,为了向下推进,在总成上方的油管液体加压,使推进器推动铤杆顶部,当铤杆总成朝井底延伸或者往上拉电缆铤杆总成向后退时开始测井。

该方法的优点:采用常规测井仪,如井温仪、压力计、流量计以及用于深度对比的套管接箍定位器,无需配备国外辅助仪器。

第六章　油田增产、增注技术

目前,我国在油田上实施的增产、增注技术已经形成系列,措施方法也比较完善,各种增产措施年增加的产油量已占全国原油产量的 8.0%~10.0%,成为各油田改善开发效果和原油产量稳定增长的一项重要的因素。

当今,油田上实施的主要增产、增注技术有油层压裂改造技术和油层酸化解堵技术。

第一节　油层压裂改造技术

油田压裂改造技术,是改善油田现有动用状况不好油层开采效果的重要进攻性手段之一,它对于油田的上产、稳产工作可以起到较为积极的作用(图6-1)。

图 6-1　压裂现场图

一、压裂增产机理

压裂是由高压泵将压裂液以超过地层吸收能力的排量注入井中,在井底造成高压,以克服最小主地应力、岩石的抗张强度与断裂韧性,使地层致裂并延伸裂缝。

压裂的过程是由泵将压裂液体注入井中,因其速度快于液体在地层中的扩散,不可避免地使地层压力升高,致使岩层致密程度较弱的部位发生破裂、产生裂缝,之后继续注入携带有高强度固体颗粒(支撑剂)的液体来扩展裂缝并充填支撑着裂缝,使之在停泵泄压后裂缝不至于闭合或不完全闭合。此时在储集层中就形成了一定几何形状的支撑裂缝,此裂缝具有很高的渗透能力,在地层里维持一条有导流能力的流动通道,增加了油流的过流面积,继而实现了改造油层、增加产量的目的(图6-2)。

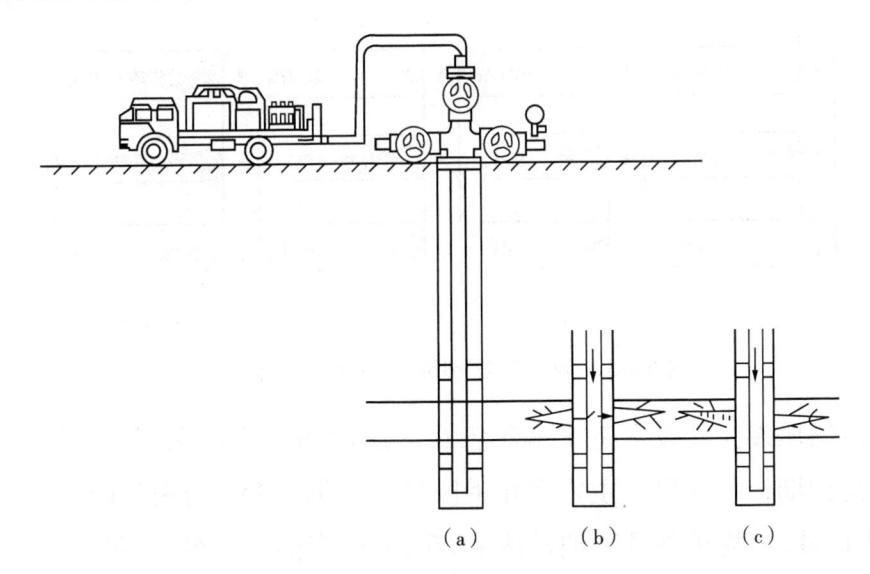

图6-2 压裂液压力传递及裂缝形成过程示意图
a—形成高压;b—造成裂缝;c—充填支撑剂

二、油田应用的主要压裂办法

目前,大部分油田仍以普通水力压裂为主。近些年来在现场推广、应用了以限流法压裂完井技术、薄夹层平衡限流法压裂完井技术、定位平衡压裂技术、多裂缝选择性压裂技术、高砂比宽短缝压裂技术、高能气体压裂技术、复合压裂技术、二氧化碳泡沫压裂技术等8项油层改造技术。这些技术经在油田不同生产井、不同的油层条件下应用、措施方法针对性强,增产效果明显。

1. 限流法压裂完井技术

该技术的原理,是通过严格控制压裂目的层段的射孔炮眼数量和炮眼直径,并以尽可能大的注入排量进行施工。利用最先被压开层大量吸收压裂液时产生的炮眼摩阻,在逐步提高井底压力的同时,迫使压裂液分流,并相继压开压力较高的其他目的层,达到一次加砂同时处理多个油层的目的。

该技术适用于纵向和平面上油水分布情况比较复杂的低渗透率薄油层的多层完井改造(图6-3),它与滑套式分层压裂管柱配套,一次可使10个以上的目的层得到处理。

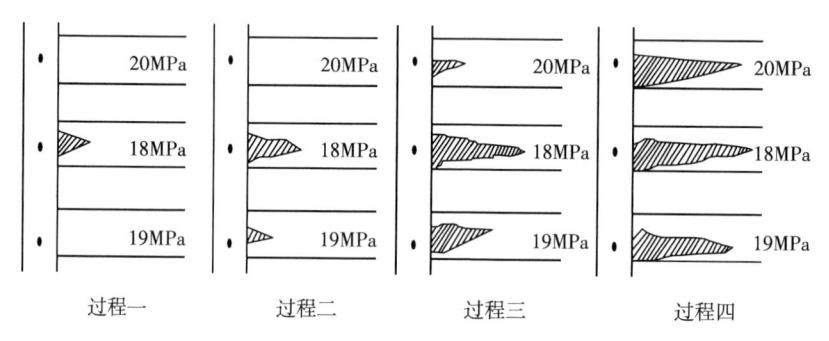

图6-3 限流法压裂完井技术原理示意图

限流法压裂完井技术近十多年已在大庆油田广泛应用,是目前新完钻加密井提高初期产能效果的主要完井手段之一。据1998年底的统计结果,施工的3131口井,平均单井日产油量达14.6t,累积产油408.68×10^4t。

2. 薄夹层平衡限流法压裂完井技术

该技术在常规限流法压裂的基础上,压裂目的层与其相邻的高含水层,均采取定点射孔技术。射开后置于同一层段内进行限流法压裂,使目的层与高含水层都处于同一压力系统中。薄隔层在压裂过程中上、下面压力处于平衡状态,不承受高的压差,从而有效地保护了薄隔层。为了取得较好的效果,要控制高含水层的处理强度,高含水层布小孔或少布孔、目的层可多布孔或布大孔。压裂后将高含水平衡层封堵,使压裂目的层投产后取得较好的生产效果。

第六章 油田增产、增注技术

该技术适用于与高含水层相邻的隔层厚度大于 0.4m 的多个薄油层的改造挖潜(图 6-4)。

薄夹层平衡限流法压裂完井技术,在大庆长垣 30 口井实施,经效果统计平衡层有 45 个,薄夹层有 92 个,措施后平均单井日产液 29m³,日产油 18.5t,综合含水 35.9% 的完井效果。

3. 定位平衡压裂技术

该技术的技术特点是:在常规射孔井上,以专用定位压裂封隔器长胶筒封堵射孔炮眼(不需压裂部位),以专用喷砂器压裂指定部位,达到裂缝定位和控制目的层吸液量的目的。在需要保护薄夹层的高含水部位装有平衡装置,该装置只进液、不进砂,使高含水层与压裂目的层,处于同一压力系统中,夹层上、下压力平衡而得到保护。通过大排量施工,依靠压裂液吸液炮眼时产生的摩阻,大幅度地提高井底压力,从而相继压开破裂压力相近的各个目的层,起到一次施工可压开 3~5 个目的层的作用。

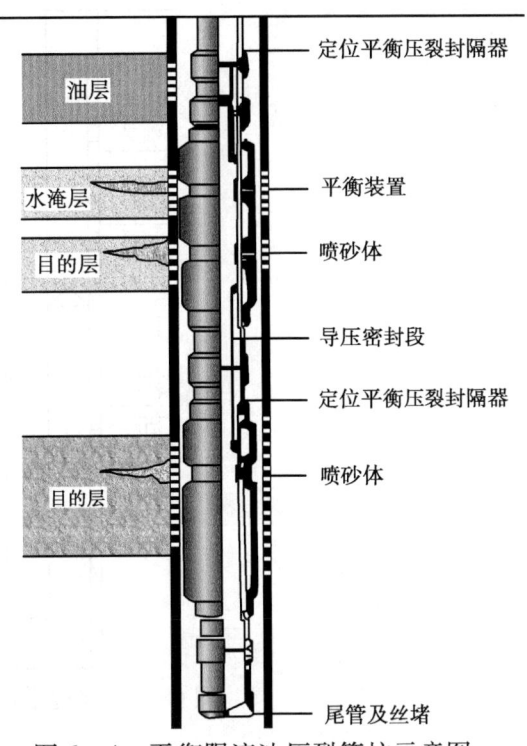

图 6-4 平衡限流法压裂管柱示意图

该技术适用于水平裂缝的压裂井,且固井质量良好,常规射孔井中薄互层挖潜,也可用在与水淹层相邻的隔层为 0.8~1.5m 的多个薄油层挖潜,还可用于有稳定物性隔层的厚油层低含水部位挖潜(图 6-5)。

从大庆油田应用 300 多口井的效果看,在高含水和低含水油层较小隔层的条件下,通过采用此项技术达到了保护高含水层、改造低含水层的双重效果。

如:喇 10-2866 井在 1992 年 5 月 24 日,利用定位平衡压裂管柱分隔压裂层段与高含水层。在压裂改造层高Ⅰ16~17 与高含水层高Ⅰ11~15 的隔层

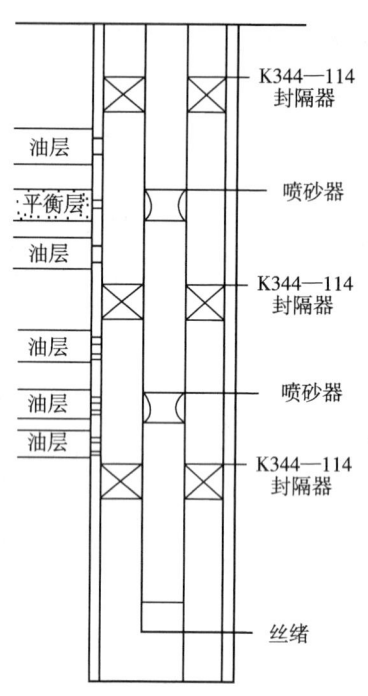

图6-5　定位平衡压裂管柱示意图

厚度只有0.8m的情况下压裂施工,全井的日产液量由压前的34m³上升至压后的90m³,日产油由5t上升至20t,全井含水由85.9%下降至78.3%。取得了较好的增油效果。

经该井压裂前后环空分层测试结果对比,证实该井达到了设计预期的效果。

4. 多裂缝选择性压裂技术

选择性压裂是利用油层内不同部位或各油层间吸液能力不同的特点,通过抑制渗透率高、吸液能力强、启动压力低的高含水部位(层)或人工裂缝原有的吸入量,将其他部位或层内压开新的裂缝的一门技术。

多裂缝选择性压裂技术是利用压开层吸液能力大的特点,先投入暂堵剂将渗透率高、吸液能力大的高含水层部位或人工裂缝所在的射孔炮眼暂时封堵,迫使压裂液分流。压完一个层后,在较低的压力下挤入高强度转向剂,封堵压开层的射孔炮眼,使高压压裂液转向,进入其他层。当泵压有明显上升时,启动其他泵车压裂第二层然后再封堵,同时继续压裂逐次压开多层,达到多层选择压裂的目的(图6-6)。

第六章 油田增产、增注技术

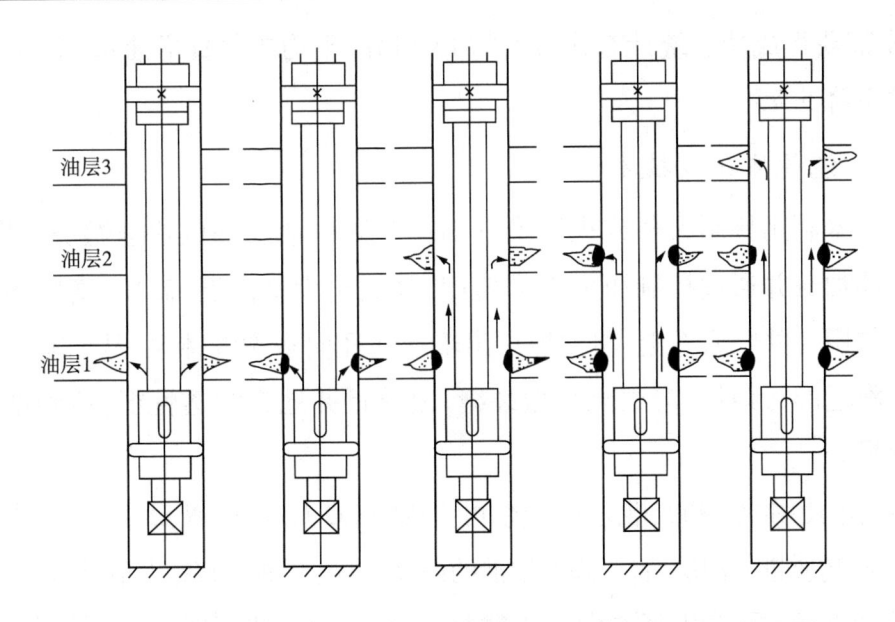

(1)压开第一层 (2)封堵第一层 (3)压开第二层 (4)封堵第二层 (5)压开第三层

图6-6 多裂缝选择性压裂技术示意图

该技术适用于已按常规孔密射孔完井,又不能用封隔器进行分卡的多个薄、差油层的压裂改造,以及厚油层层内和封隔器难以卡开的多油层,重复油层压裂挖潜。能达到一次压开多条裂缝、处理多个层段的目的,是提高老井低含水薄油层储量动用程度的重要技术手段。

目前多裂缝选择性压裂技术在大庆油田老井实施改造井数比例已达40.0%以上,单井平均增油量是普通压裂井效果的2倍以上。

5. 高砂比宽短缝压裂技术

该技术压裂时利用一定排量的高压液体,保证下层封隔器坐封后打开喷嘴,并形成一定的节流压差维持封隔器坐封。在对该层进行压裂时,压开裂缝后停泵,待封隔器自动解封后,投堵塞器压裂上一层段。如果要上提压裂,则可上提管柱压下层,压裂施工完,封隔器自动解封后就可起出管柱。该技术压裂施工过程中,可采用较高的砂比,压裂后形成(产生)的裂缝短且宽,油层导流能力相对较好。

该技术适用于井网加密后的中、低渗透油层和低产油田低渗透油层的改造。大庆油田应用此项技术在现场施工共51口井,其中采油井48口,注水井

3口,全部获得成功。统计有代表性的13口井,平均单井日增油8.25t,含水平均单井下降5.75%。

6. 高能气体压裂技术

该技术利用特制火药或火箭推进剂在井筒中油层部位快速燃烧或爆炸,产生脉冲加载并通过控制压力上升速度,释放出大量高温、高压、高频的冲击气流波作用在井壁岩石上,将油层压出辐射状径向多裂缝体系,从而有效地穿透井筒附近的污染带,沟通天然微裂缝,改善近井地带渗透性能,达到增加产能的效果。

该技术使用的火药或推进剂燃烧,可生成的CO、CO_2、N_2、N、HCl等携带热能生成物,这些物质进入油层后,可降低原油的黏度,提高原油溶解蜡及胶质、沥青质的能力,还可溶于水而产生腐蚀性强的硝酸和盐酸,对地层进行部分的酸处理。

该技术适用于井筒周围污染、堵塞严重的地层和近井地带因机械杂质等物质堵塞的井,同时可与水力压裂和酸化措施综合使用,起到较好的增产、增注效果(图6-7、图6-8)。

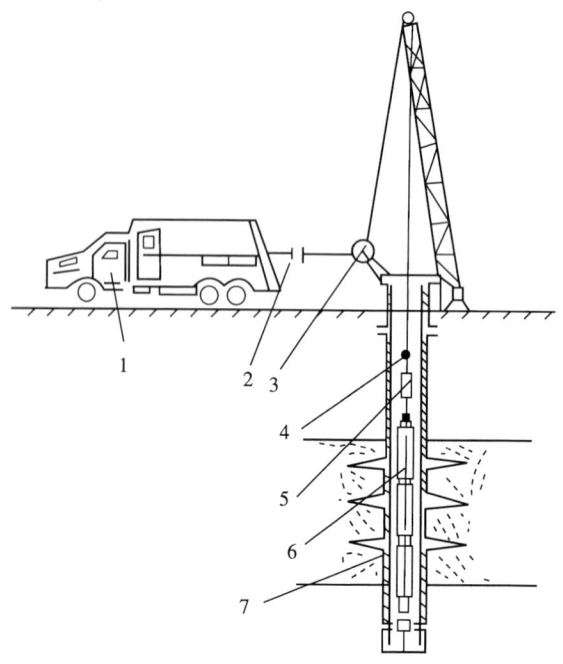

图6-7 高能气体压裂施工图

1—电缆车;2—电缆;3—地滑车;4—测压弹;5—磁性定位器;6—压裂弹;7—套管

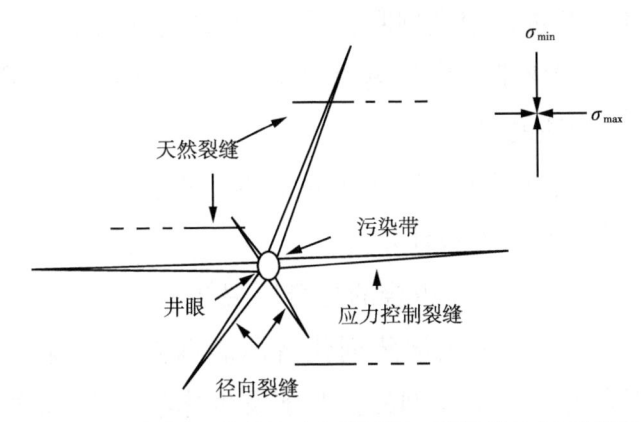

图 6−8 爆炸压裂裂缝和原始微细裂缝的沟通示意图

大庆油田在朝阳沟油田、翻身屯油田和葡萄花油田低产井上采用了高能气体压裂技术,取得了单井日平均增液 3.53m³,增油 2.45t,有效期在 7 个月以上的好效果。

7. 复合压裂技术

该技术就是把两种压裂技术组合在一起的压裂方法。现场应用的复合压裂技术有高能气体压裂与水力压裂技术组合、射孔与高能气体压裂组合、热化学处理与水力压裂组合、深穿透双作用射孔与水力压裂组合、喷砂割缝与水力压裂组合等。

1) 高能气体压裂与水力压裂技术组合的复合压裂技术

采用此种复合压裂技术首先,先采用高能气体压裂技术,在近井区域压出多条径向裂缝,然后再进行水力压裂,这样就可有效降低破裂压力、压开多个油层。

该技术适用于固井质量、套管状况良好的井,油层为中、低渗透油层,物性差且泥质含量高的油层。

2) 射孔与高能气体压裂组合的复合压裂技术

该技术利用炸药和火药的燃烧速度差,实现射孔后压裂的目的。射孔使用的聚能射孔弹,装的是炸药,爆速是微秒级。而高能气体压裂装的弹药是火药,燃速是毫秒级。所以在一次点火后,瞬间可完成两次工作。聚能射孔弹的射流在套管壁上射孔,并延伸至油层。压裂弹随着燃烧,产生大量的高温高压气体,随井内液体一起进入射孔炮眼,并不断地向油气层推进。对油层近井区域产生机械作用、物理化学作用和热力学作用,从而使近井区域的油层性质得到改善,达到增产、增注的目的。

该技术适用于固井质量好、水敏性油层、油层厚度较大(一般应大于0.5m),且已受污染的采油井或注水井。

3)热化学处理与水力压裂组合的复合压裂技术

热化学处理技术是应用化学药剂代替压裂前置液在地层中生热、产气。两种自生热药剂混合后,在活化剂的控制下发生化学反应,释放出大量的热能和气体。热能通过径向和垂向传导作用加热近井地带,使其温度大幅度升高,解除了油层的有机物堵、水堵、高界面张力等污染,降低了原油黏度,提高了裂缝导流能力。反映并释放出的大量高温气体,能够进入液体进不去的孔隙冲散"架桥",破坏毛细阻力,从而提高油层的渗流能力,增加采油井的产量。

该技术适用于储层自然产能低、压力低、渗透率低、原油黏度高、含蜡量高、凝固点高、油层有堵塞的采油井。

4)深穿透双作用射孔与水力压裂组合的复合压裂技术

该技术是先对目的层深穿透双作用射孔,然后再进行水力压裂施工。深穿透双作用射孔是将聚能射孔弹、高能气体压裂弹以及起爆装置装在一起,一次下到目的层。通过电起爆完成射孔和高能气体压裂,其后进行水力压裂。将已形成的部分微裂缝,扩展延伸并形成有支撑剂支撑的主裂缝,大幅度提高导流能力,达到增加采油井产油量和注水井注入量的目的和效果。

该技术适用于隔层厚度较大、固井质量较好、孔隙渗透率较低的低产区块采油井和注水井(图6-9)。

5)喷砂割缝与水力压裂组合的复合压裂技术

该技术是先将套管进行水力喷砂割缝,然后再进行水力压裂施工。喷砂割缝技术是利用井下切割工具,采用高压射流方式对套管及近井地带进行切割造缝、增加油层的泄油面积,降低油层破裂压力,改善近井地带的渗流条件,降低油流阻力,提高采油井和注水井的完善程度,实现增产、增注的目的和效果。

该技术适用于近井地带油层污染严重、多层合压的采油井和注水井。

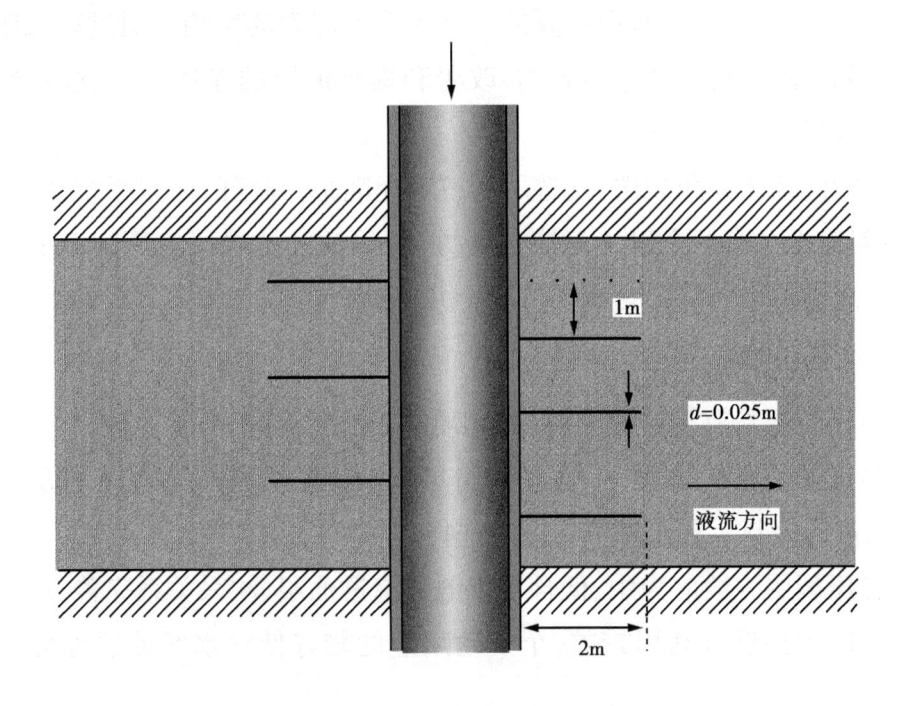

图 6-9　深穿透增注示意图

8. 二氧化碳(CO$_2$)泡沫压裂技术

二氧化碳(CO$_2$)泡沫压裂技术是 20 世纪 80 年代以来发展起来的新工艺技术,它是以液态 CO$_2$ 或 CO$_2$ 与其他压裂液混合,加入相应的添加剂来代替常规水基压裂液的一门新的压裂技术。

该技术在注入过程中,井下温度逐渐升高,当温度达到 31℃后 CO$_2$ 汽化,形成从原胶液为外相、CO$_2$ 为内相的泡沫液,使泡沫具有了"黏度",代替了普通压裂液完成的造缝、携砂、顶替等工序过程。

该技术具有原油降黏、油层低伤害、高返排,有利于油层保护,一次可压裂一至两个层段的特点。适用于气井、稠油井、低产采油井的油层改造。

三、压裂井、层及工艺方法的选择

采油、注水井中动用状况不好的中、低渗透油层,是压裂井选择的对象。这些井、层主要受油层自然发育条件的影响,钻井及作业施工过程中泥浆压井后的污染影响,注水井中水质差、管柱腐蚀等原因引起油层堵塞的影响,井筒内好、差油层,层间动用状况差异的干扰等多种因素的影响。通过采取压裂改造措施可以有效地消除上述影响,改善和提高油层的渗透性,获取较好的增产、增注效果。

采油井、注水井压裂选井、选层的技术标准是:井区的注采系统比较完善,压裂层对应至少有两个以上对应连通方向,采油井地层压力原则上要高于饱和压力,压裂层段的综合含水要低于全井的综合含水。

1. 采油井压裂选井、选层标准

(1)压裂层具有足够的油源(即物质基础),具备增产的可能。

(2)选择的压裂井、层,一般应有分层找水或分层测试资料,无分层资料应结合动、静态资料及剩余油分布图来选择。

(3)压裂层一般应为中、低含水率的低渗透油层、注采关系完善、油层连通好、油层性质接近且动用较差,个别动用差的较好低含水厚油层也可作为压裂层。

(4)压裂层油层压力较高、生产压差较大,井的完善程度较低,分析油层有堵塞或泥浆污染。

(5)对油层压力较低的采油井选择压裂,可通过压前对连通注水井,对应油层先培养提高注水量后,待恢复和提高了油层压力后,再实施压裂改造。

(6)压裂层段上下应具有良好的隔层,一般每个压裂层段隔层应控制在不小于2.0m以上,每个压裂层段井段控制在不大于18m以下。

(7)压裂后初期增产3~5t(低产油田一般1~3t),有效期一般要求在半年以上。

2. 注水井压裂选井、选层标准

(1)在注水压力保证的情况下,单井日注水量不大于30m^3以下或不吸水。

(2)油层连通状况要好,油层性质接近,上下有稳定的夹层。

(3)根据连通采油井的需要,经同位素等方法测试层间吸水差异较大,注水层段完不成配注或层段不吸水。

(4)选择压裂井、层一般应在构造两翼、油层埋藏深、油层性质变差的地区(油层的变差部位)。

(5)注水井压裂后,初期单井日增加注水量30~50m³,有效期一般要求在半年以上。

采油、注水井在压裂选井、选层的工作做好后,还要有针对性地选择适应井、层压裂条件的工艺技术方法和措施,以提高和保持压裂井、层的压裂效果(附表6-1)。

表6-1　不同压裂工艺技术方法应用条件

序号	压裂工艺技术	适用井、层条件
1	水力压裂技术	适用于油层单一、隔层厚度在2m以上,且具有一定产能的储层
2	限流法压裂完井技术	适用于二、三次加密井和低渗透油田开发的薄差油层,纵向及平面含水分布较复杂的未射孔的新井
3	薄夹层平衡限流法压裂完井技术	适用于隔层大于0.4m的低渗透薄油层、多层,以及非均质厚油层中的低含水部位的层内挖潜
4	定位平衡压裂技术	适用于薄油层、但距水淹层隔层厚度大于0.5m,并具有较好的稳定性,压裂层段跨度在18m以内,且已按常规孔密射孔的井、层
5	多裂缝选择压裂技术	适用于已按常规孔密射孔,且多个薄差油层以及厚层内低含水或不含水部位。一般油层厚度在3m以上的岩性夹层或部分已压过的井、层
6	高砂比、宽短缝压裂技术	适用于密井网,压裂需要较小裂缝半径和高导流能力裂缝的井、层
7	高能气体压裂技术	适用于受井筒周围伤害或生产过程中机械杂质、蜡质和其他沉淀物堵塞油层的处理
8	复合压裂技术	适用于含油产状差、油层多且薄,已按常规射孔的油、水井
9	二氧化碳(CO_2)泡沫压裂技术	适用于采出程度较低(小于40%),地层温度较高(大于70℃),低渗透、压力较高的薄差层和稠油井的油层改造

四、压裂效果的分析与评价

采油井、注水井压裂效果的分析与评价主要从以下三个方面来加以认证:

(1)采油井、注水井压裂后采油指数、注水井的吸水指数均应有一定程度的提高。

(2)压裂后采油井单井产量有所增加或长时间产量递减减缓,部分井全井综合含水长时间稳定或有所下降。注水井依据所测的指示曲线分析,在相同注水压力下注水量明显增加(图6-10)。

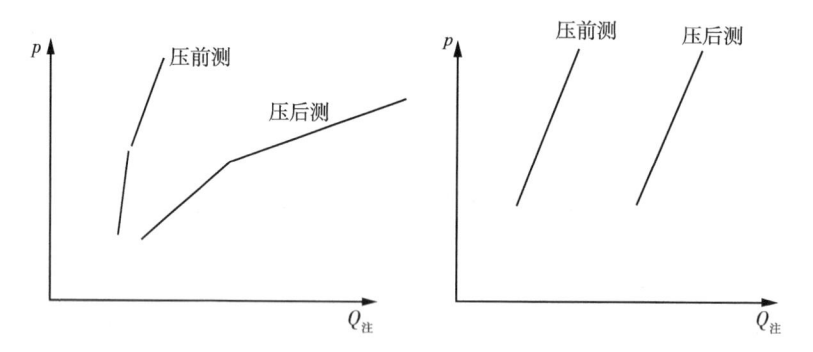

图6-10 注水井压裂前后指示曲线变化图

(3)通过压裂前后分层测试成果对比,动用差、动用不好的油层,压裂后出油、吸水厚度明显增加,油层间层间矛盾得到明显减小。

第二节 油层酸化解堵技术

油层酸化解堵技术,是运用化学处理油层的方法来处理油层,提高油层的渗透率,使采油井增加产量、注水井增加注水量。目前,此项技术已是油田对油层实施改造的一项进攻性的措施(图6-11、图6-12、图6-13)。

图6-11 酸化现场示意图

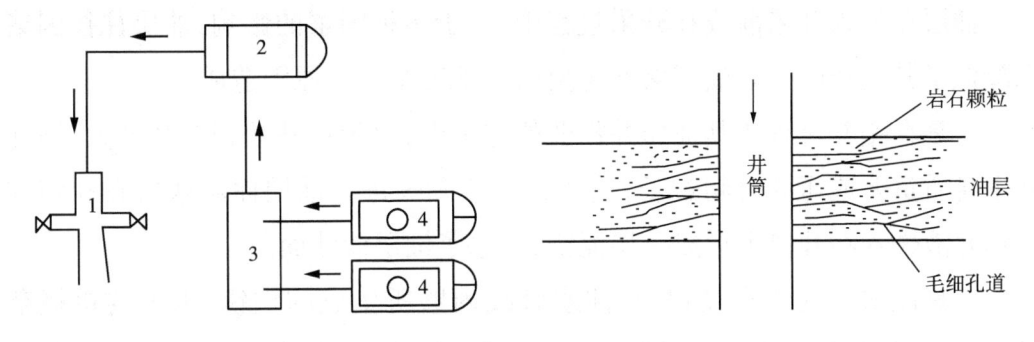

图 6-12 酸化地面现场施工流程示意图
1—井口；2—泵车；3—酸池子；4—酸罐车

图 6-13 油层酸化示意图

一、酸化增产、增注机理

油层酸化是通过地面高压泵,把酸液打进要处理的油层中,让酸液和油层物质接触发生化学溶蚀作用,通过强酸的腐蚀,疏通油层中毛细孔道。同时利用酸液来解除生产井和注水井井底附近的污染,消除孔隙或裂缝中的堵塞物质,扩大地层原有孔隙或裂缝,减少油流入井的阻力或注水阻力,以提高和恢复油层的渗透率。

二、油田主要酸化方法的现场应用

1. 油层酸化的主要功能和作用

油层酸化的功能和作用有两点:一是提高油层近井地带的地层渗透率,实施改造性酸化;二是恢复油层原始渗透率,实施解堵性酸化。

1）改造性酸化

对于多油层开发的油田,由于各油层间渗透率的不同,在好、差油层间会产生相互的干扰和影响。一些采油井地层压力高、储油性能好,但由于油层渗透性差,产油量却较低。还有一些注水井虽然注水压力高、注入水质好,但吸水能力却很差。对于这些井、层除首先采取必要的分层采油、分层注水措施外,还要采取酸化或压裂改造油层等措施,来改变和提高它们的油层渗透率,使其发挥本身具有的生产潜能和作用。

2）解堵性酸化

油层在投入开采前或在开采过程中,由于多种因素的影响,油层往往因堵塞降低了其生产能力。油层堵塞主要由以下三个方面原因造成:

一是在钻井过程或其他压井作业的施工中,由于钻井液相对密度大、钻井液本身质量差或压井时间过长,造成钻井液漏失进入油层而堵塞岩石孔隙或因钻井液失水在井壁上形成一层泥饼,堵塞了油层渗滤面。

二是注水井在注水过程中,注水管线内壁所生成的铁锈、水中的机械杂质,以及微生物的繁殖等。尽管注入水水质有严格的质量标准,但由于油层的孔隙很小,伴随着注水时间的延长,造成积累性的堵塞,使得注水井油层压力升高、吸水能力下降。

三是在注水井井底附近岩石孔隙中,开始采油排液不彻底,转注后原油没有被水充分驱走,残留在原来孔道中,影响注入水的流动或由于采油井因地层压力下降,原油中含的蜡、胶质等物析出,造成油层孔道堵塞。

2. 油层常规酸化的主要方式

目前,油层常规酸化主要有酸洗、常规酸化、压裂酸化三种不同的方式。

1)酸洗

酸洗一般作为酸化或压裂一口井前的预处理措施,可起到疏通射孔孔眼,清除井壁脏物及井下管柱铁锈,防止将井筒脏物挤入地层。通过酸洗,可以减少原油进入井筒内的阻力,降低注入井的注入压力,对于压裂井还可以起到降低地层岩石破裂压力的作用。

酸洗的方法可选用浸泡或冲洗两种不同的方式。

2)常规酸化

在低于地层破裂压力的情况下,把酸液挤入地层孔隙中,径向进入地层孔隙内来溶解岩石表面的胶结物,溶解堵塞孔隙的颗粒和其他物质使孔隙增大,清除采油井和注水井近井地带油层堵塞,恢复和改善油层的渗透率。

常规酸化方法适用于砂岩地层,一般用于新井投产前或修井作业后,用以解除钻井泥浆和作业时压井液对地层的污染,恢复生产井正常的生产能力。

3)压裂酸化

压裂酸化,常用于污染半径大的低渗透碳酸盐岩地层。酸化前先进行压裂改造,在高于地层破裂压力下,将前置液挤入地层,使地层产生人工裂缝,然后把酸液挤入裂缝让酸液与裂缝面岩石产生反映,产生高渗透的流动通道解除地层堵塞,使井底与高渗透带和新的裂缝系统沟通,改善地层的导流能力,提高油层渗透能力。

3. 油田酸化方法的应用

油田酸化处理效果,主要取决于酸液及添加剂的合理使用及有针对性方法的实施。

常用的酸液主要包括盐酸、有机酸、多组分酸、乳化酸、稠化酸、泡沫酸以及氨基磺酸、废硫酸、化学缓速酸等。酸液的添加剂种类包括缓蚀剂、缓速剂、稳定剂、表面活性剂等,有时还加入增黏剂、减阻剂、暂时堵塞剂、破乳剂、杀菌剂等。

现场常用的酸化方法主要包括:

1) 土酸酸化(老)技术

土酸是盐酸和氢氟酸的混合物。其中氢氟酸(HF)含量3%~6%,盐酸(HCl)的浓度10%~15%。土酸主要用于处理砂岩地层,当地层泥质含量高时,氢氟酸的含量高一些。地层碳酸盐含量较高时,盐酸含量可高一些。

该技术适用于砂岩地层的常规酸化。

2) 新型土酸酸化技术

土酸酸化(老)中氢氟酸含量较高时,对储层骨架会造成一定的伤害,同时酸化深度浅,不适于较差油层的(表外储层)酸化。应用13.5∶1.5盐酸与氢氟酸配比配制而成新型土酸,可有效处理硬质长石砂岩、细砂岩为主胶结物以泥质为主的油层。

该技术主要解决油、水井近井地带油层伤害,较老土酸酸化技术比较,提高了酸液的穿透能力,扩大了酸化半径。

大庆油田在一次加密调整井上推广应用新型土酸酸化技术80多井次,有效率高达85.0%以上。实施酸化前平均单井注水压力12.05MPa,日注水52.68m^3,酸化后在注水压力降至10.5MPa,下降1.55MPa的情况下,日注水量增加至82.98 m^3,增加注水量30.3 m^3,酸化有效期达7个月以上。

3) 粉末硝酸酸化技术

粉末硝酸是粉末状的固体,它与新型土酸按 1∶3 的比例挤入地层。当硝酸与盐酸的摩尔比为 1∶3 混合时,会形成主要成分为 NOCl 的王水,它产生的新生态氧可与地层中的有机物质(如原油、石蜡、沥青等)发生化学反应,使其降解、降黏。王水在有效地溶解有机物质的同时,可与地层中的氢氧化铁、碳酸盐以及硫酸盐等垢类发生化学反应,能有效地解除油、水井近井地带油层堵塞。

大庆油田自 1999 年以来现场施工 300 口井,施工成功率 91.0%。初期单井平均降压 1.6MPa,增加注水量 31.9m³,有效期平均达到 12 个月,最长效果井达到 19 个月。

4) 液体硝酸酸化技术

液体硝酸的溶解率比常规土酸和粉末硝酸有很大的提高。它具有降解稠油和沥青质的特点,可大幅度降低原油的黏度,解除有机、无机物油层的堵塞。

5) 热气酸酸化技术

热气酸主要由主体酸和生热解堵剂组成。两种生热解堵剂在水溶液中利用催化剂控制反应速度,使其在与地层反映时产生大量的热能,可综合解除蜡、稠油、泥质等堵塞,还可释放出大量的热能和气体。热能通过垂向和径向传导作用加热近井地带,使近井地带温度大幅度升高,解除近井地带油层堵塞,提高近井地带的渗透率。

6) 深部缓速酸酸化技术

深部缓速酸酸化是通过常规土酸和缓速剂的络合反映,在酸液中形成 $AlF_{n-(3-n)}$ ($n \leq 6$) 络离子,并不断离解出氟离子,这种氟离子可不断地补充逐渐被泥土胶结物质消耗的氢氟酸,它的离解反应速度缓慢,从而延缓酸液的反应速度,有利于酸液向油层深部的注入,具有深度酸化和对岩心骨架低伤害的作用。同时伴生一定量的气体和热量,利用其协同效应达到疏通油层、解除油层堵塞的目的和作用,从而提高酸化的效果。

该技术主要处理低渗透及油层深部的污染堵塞,大庆油田在外围葡萄花、敖包塔、太平屯、升平等低渗透油田上应用了 40 口井,措施前后对比,单井平均注水压力下降 2.6MPa,日增注 19m³,有效期达 8 个月以上。

7) 胶束酸酸化技术

胶束酸是在酸液中加入胶束溶液后配制而成，是针对近井地带沉积的有机、无机物复合垢类难以解除的问题研制而成的。

BDC-101胶束剂是一种高效表面活性剂的复合物，当它溶于水基酸液时，其分子首先浓集于水基酸液表面，形成酸液与空气界面的吸附层。当活性剂的浓度增加到临界值时，便开始进入酸液内部，大部分分子互相缔合聚集成团，形成以亲油基为内核，亲水基向外伸露的聚合体，打破了地层岩石表面有机物包附层以及油水界面，使酸液有效地溶解近井地带的岩石矿物和非有机物质堵塞物。

8) 暂堵酸酸化技术

暂堵酸酸化就是利用酸液优先进入最小阻力的高渗透层，在酸液中加入适当的暂堵剂。随着注酸的进行高渗透层吸酸多，暂堵剂进入的也最多，对高渗透层的堵塞作用也最大，从而逐步改变了进入各小层的酸量分布，酸液可以充分进入渗透率较低或伤害严重的油层，最后达到各层均匀进酸的目的，获得较好的解堵改造效果。

该技术是在普通酸化及强排酸酸化施工工艺的基础上，为了解决砂岩油藏纵向非均质性及多层油层酸化问题，而研制成的一种新型酸化技术，适用于一次进行多层、非均质严重的注水井酸化施工（图6-14）。

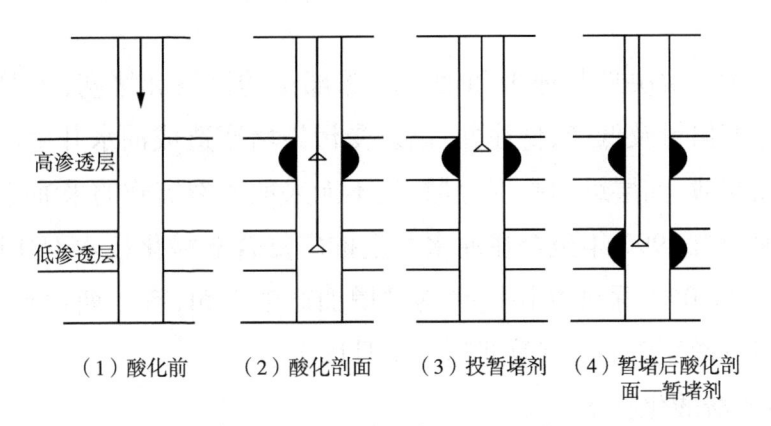

图6-14 暂堵酸酸化技术示意图

暂堵酸酸化技术在大庆油田共实施80多口井，工艺成功率达100%，有效率达100%。

9) 固体酸酸化技术

固体酸主要由表面活性剂、杀菌剂、缓蚀剂及铁离子络合剂等组合而成。它以粉末酸或酸棒的形态,随注入水在井底逐步溶解。具有改变油层润湿性,对油污有稀释、降粘、溶解分散,对各类细菌(硫酸还原菌、铁细菌和腐生菌)起杀灭和分解的作用。

该技术适用于使用油田含油污水和地面污水回注水,引发油层解堵的注水井。

10) 强排酸酸化技术

强排酸酸液是由土酸和助排剂按一定比例混合而成的酸处理液。通过加大土酸中盐酸和氢氟酸的浓度比(12:6)提高酸液的浓度。助排剂是一种亲水性的化学药剂,它能够阻止被氢氟酸溶解后的一些离子再度产生胶状物沉淀,同时能够把酸液溶解不掉的黏土和淤泥等杂质颗粒形成的絮凝团破坏掉,使杂质颗粒呈悬浮状,随残酸排出。

该技术对钻井液密度大、浸泡时间长、钻井液滤液和固体颗粒对油层污染严重的油层,可起到较好的处理效果。

11) 复合酸酸化技术(HBSY)

复合酸(HBSY)是由盐酸、氢氟酸、氟硼酸等多种酸液和多种添加剂组成,具有缓蚀、防乳、破乳、降解表面张力、防膨和稳定铁离子,减小对地层骨架破坏等作用。

该技术主要解决近井地带和油层较深部位的污染和堵塞,主要应用在新井投产后无产出量及低产、低注井,以及受污染堵塞造成油水井生产能力下降和因层段隔层薄、油层纵向高度分散,且不能采取压裂措施的采油井、注水井。

大庆油田自1997年至今在油水井上推广复合酸酸化技术150口井,措施后成功率达96.0%,采油井初期平均日增加产油1.5t,有效期达6个月以上;注水井初期日增注30m^3,有效期达8个月以上。

12) 泡沫酸酸化技术

泡沫酸由酸液(一般为盐酸)、气体(一般为N_2或CO_2)起泡剂和稳定剂混合而成。泡沫酸在酸液中充以气泡,气泡减少了酸与岩石的接触面积,酸化后可以达到缓速、增加酸化深度,提高酸化效果的作用。

该技术适用于低压、低渗、水敏性强的碳酸盐岩油、气层酸化。

13）氟硼酸酸化技术（HBF_4）

氟硼酸进入油层后，会发生水解反应生成氢氟酸，可使黏土及其他微粒融合为惰性粒子、原地胶结，使得处理后因流量加大而引起的微粒运移受到限制，起到稳定黏土的作用，对油层起到较好的保护。氟硼酸酸化后增产效果好、稳定时间长、但价格较昂贵。

该技术适用于低渗透砂岩油层的深部处理。

14）乳化酸酸化技术

乳化酸即为油包酸乳化液，主要用于压裂酸化。当酸液到达地层一定深度后即破乳，酸液与地层岩石反应，刻蚀并沟通较深部的孔、缝、洞，增加了酸化深度，提高深部地层的处理效果。乳化酸可用盐酸、土酸、甲酸、醋酸等与原油、煤油、柴油等，按一定比例配制而成。

该技术适用于碳酸盐岩油层的深部处理。

三、酸化井、层及工艺方法的选择

1. 油层酸化工艺过程

油层酸化酸液要经过三个流动过程：一是地面管流，即酸液经泵加压进入井口；二是垂直管流，酸液由井口经工艺管柱到井底；三是酸液进入油层，酸液沿径向在孔隙及微裂缝内流动。

2. 油层酸化方式的选择

1）全井笼统酸化

对于开采油层数量较少，油层射开厚度不大，层间渗透率差异小或地层污染程度较轻的井，下入笼统光油管管柱至指定酸化处理的井段，可以得到预期的增产、增注效果。

2）全井分层酸化

对于油层吸液能力差异较大的多油层油气藏，为克服酸液对非目的层的伤害，一般应采取有针对性的酸化处理方法。通过下入分层管柱有效地改造、处理目的层，使其发挥生产作用。届时，也可以较好地调整油层间的层间矛盾。

3. 采油井酸化选井、选层标准

(1)对于作业施工(包括大修作业、打捞等项目)采用的是泥浆压井,开井生产后效果明显低于施工前正常的生产水平。

(2)新投产的生产井,因在钻井期间泥浆浸泡时间较长,分析油层受到污染和堵塞(这种类型的井一般采取全井酸化处理)。

(3)油层岩性、物性明显变差,生产状况一直不好。

(4)与压裂措施同时进行,处理因油层堵塞生产作用发挥不好的井、层(这种类型井多用于分层酸化处理)。

4. 注水井酸化选井、选层标准

(1)在正常注水压力注水时,吸水能力因管柱铁锈、细菌等原因,全井吸水能力下降,经采取洗井措施仍不能恢复正常注水。

(2)全井层段吸水或油层间吸水能力差异较大,采取分层酸化来调整层间矛盾。

(3)新投注水井投注后,初期吸水量低或不吸水。分析主要原因是:钻井或作业施工过程,油层受到泥浆污染。其次,是油层发育条件太差结果的影响。

目前,现场推广和使用的多种油层酸化技术措施和办法,要取得最佳的改造效果,需认真分析井、层的实际情况,有的放矢地选择酸化工艺技术措施(附表6-2)。

表6-2 不同酸化工艺技术选择条件

序号	酸化工艺技术	适用井、层的条件
1	土酸酸化(老)技术	适用于解决近井地带油层伤害,提高油层渗流能力
2	新型土酸酸化技术	适用于硬质长石砂岩,以细砂岩、胶结物以泥质为主的地层
3	粉末硝酸酸化技术	适用于解除近井地带油层堵塞
4	液体硝酸酸化技术	适用于近井地带有机物堵塞严重的中、低渗透油层
5	深部缓速酸酸化技术	适用于油井和产生次生深部伤害、堵塞的注水井
6	热气酸酸化技术	适用于稠油中蜡质、沥青质等高黏度堵塞的油、水井

续表

序号	酸化工艺技术	适用井、层的条件
7	胶束酸酸化技术	适用于原油黏度高、含蜡量高、凝固点高和含硫量低的过渡带的油、水井
8	暂堵酸酸化技术	适用于层间矛盾大,各小层动用状况不均匀的油层
9	固体酸酸化技术	适用于因细菌腐蚀形成堵塞物的油层堵塞和注入含油污水、地面污水回注的注水井
10	强排酸酸化技术	适用于密井网、钻井液密度大、浸泡时间长,油层受伤害的井
11	复合酸酸化技术	适用于开采低渗透油层和常规酸化无效的油、水井
12	泡沫酸酸化技术	适用于低压、低渗、水敏性强的碳酸盐岩油、气层
13	氟硼酸酸化技术	适用于砂岩地层深部处理
14	乳化酸酸化技术	适用于处理碳酸盐岩深部堵塞而引起地层渗透率降低的油层

四、酸化效果的综合评价

油层酸化最终要达到的目的是:扩大或恢复油层的孔隙体积,减小和解除受油层污染、堵塞等一系列因素的影响,最大限度地保证采油井和注水井酸化后获取的增产、增注效果,并使其保持较长的有效期。

油水井酸化效果主要从四个方面加以评价。

(1)观察酸化施工关井后的压力变化。如关井反应期间,井口压力是逐渐下降的,当井口压力下降较快,直到和地层压力平衡并有所回升,说明酸化起到了解堵和疏通油层的作用;如井口压力下降较慢,甚至上升说明酸化效果不好。

(2)对酸化前后效果变化分析。对比酸化前后效果,采油井和注水井在相同工作制度、相同注水压力下产液指数、吸水指数的增加倍数,有效稳定时间。

(3)录取分层测试成果资料(如找水、环空测试、同位素测试、井温测试等),利用前后产液剖面、吸水剖面资料,分析改造的目的层动用变化和效果(图6–15)。

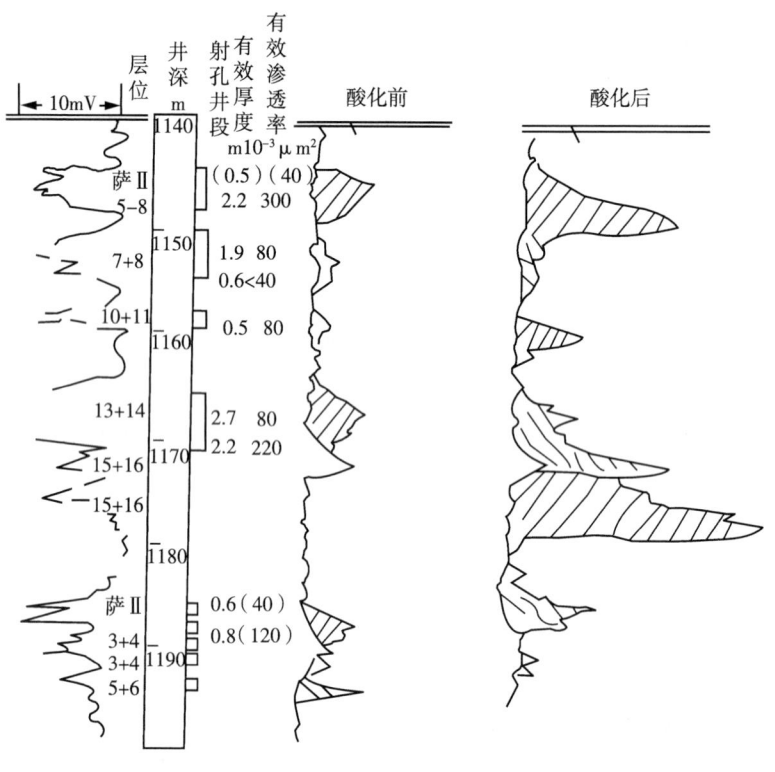

图 6-15 注水井酸化前后同位素测试效果对比图

(4)酸化后做经济效益的计算,包括净现值(是指在基准受益率下,在有效期内各年净收益之和)、投资回收期(是指措施后净收益抵偿全部投资时间)等。

第三节 采油井堵水技术

油田进入高含水开采阶段,主产油层高产液、高含水,在采油井生产过程中严重干扰和影响着其他接替油层潜能的发挥。采油井堵水技术就是对高含水井中的高产液(高产水)、高含水层段进行临时性封堵,用以改善采油井的产出剖面,减少高产出水层对相邻受效差油层的干扰和影响,达到降低全井含水、增加产量、改善采油井开发效果的目的。

第六章 油田增产、增注技术

一、采油井堵水的主要方法

目前,油田对高含水、高产液、层间干扰严重影响其他储层出油的高压层,采取的堵水方法主要有:机械堵水法、化学堵水法、物理堵水法等三种。

1. 机械堵水法

该方法主要利用现有的油田开采工艺技术,根据采油井所开采油层的性质,应用分层配产管柱中的封隔器,将它们分成若干个性质相近的层段,在封隔器性能良好的条件下,通过对干扰层[高含水(产水)层]的控制生产(下入井下油嘴或封堵停采),来实现调控各生产层的生产能力,达到各层段均衡生产的目的。

大庆油田的杏11-4-40井,1992年4月堵掉本井高产液、高含水葡 I 3_1~葡 I 3_2 层段后,日产液量由 153m^3 下降至 51 m^3,日产油量由 8t 增加至 22t,含水由 94.9% 下降至 57.1%,日增油达 14t,日降低产水量 116m^3,含水下降了 37.8%,堵水效果明显。

2. 化学堵水法

该方法就是将化学黏稠液体挤入预封堵的高含水(产水)油层,使挤入的化学药剂与油层产出水产生化学反映,形成沉淀或凝絮,堵塞油层中的出水孔道,降低出水层的渗滤能力,以此来减小层间干扰,发挥中、低含水油层的生产作用。

大庆油田北 I -51-544 井采用单液法化学堵水技术,封堵高产液、高含水油层厚度达 9.5m 的厚油层萨 II 15+16~萨 III 3 层,堵后全井日产液量由 81m^3 下降至 56 m^3,日产油由不出 0t 增加至 8t,含水由 100% 下降至 85.4%,封堵效果显著。

3. 物理堵水法

该方法就是在出水层中挤入黏度较高的原油或烃类乳化液,来提高原油的饱和度,降低水相渗透率和形成的油、水乳化液,增大渗流阻力,部分或完全封堵水层。由于原油和烃类乳化液挤入油层后,容易随地下温度较高的原油一起排出,因此堵水对油层的生产影响很小,但对未完全水淹的含水油层,堵水后的有效期较短。

二、堵水井、层的选择

采油井堵水要注意和遵循的原则:首先,只有达到堵层含水界限的油层方可进行堵水,要充分考虑井网和油层的注采关系特点,对于堵层有接替开采井点的情况下,含水达到95.0%以上可以堵水。如果没有,堵水后会形成一定范围的滞留区,此时堵水层的含水要达到98.0%以上。其次,受注采关系的影响,一口井堵水后邻井可以受效,堵水能在平面上起到调整作用。最后,选择堵水井要优先选择层间含水差异较大的采油井,堵水后有接替产层且具有接替能力的井。

采油井堵水井、层的选择要注意以下六个方面的问题。

(1)堵水措施实施前要认真录取堵水井的产液剖面、井温、小层压力及周边生产井各小层的生产动用状况资料。

(2)堵水层油层厚度要大,一般要求单层厚度在5m以上。渗透率较高、是堵水井中的主要产水层或主要干扰层,需堵水层油层分布面积要大,并于周围油、水井连通状况较好,堵水后可起到调整和改变水波及方向的作用。

(3)堵水井生产能力旺盛、井内液面高,单井产液量、产水量大,综合含水率高。一般采油井单井产液量在80~100m^{3}以上,综合含水率不小于90%,堵水层的产液量占全井的50%,层段综合含水率不小于95.0%以上。

(4)堵水措施实施后,采油井中有接替层并能保证生产或通过油层改造后具有一定的生产能力,原则上堵水后应达到只降水、不降油的效果。

(5)堵水层的选择最好是油层单一,各油层纵向渗透率差异较大,尽可能做到单独封堵,减少和杜绝堵水层中有不需要堵水的陪堵层。

(6)选择堵水的井,应保证堵水层上下固井质量好,未有层间窜槽等问题。

三、堵水井施工后的效果评价

1. 采油井堵水后起到的主要作用

1)改善平面水驱效果,提高油田可采储量

采油井特高含水层进行堵水后,注入水势必在地下改变其渗流途径,这种流场的变化有利于扩大注入水在地下驱油的波及面积,提高驱油效率。

2)控制油田含水增长,提高注水利用率

采油井堵水后可以在一定程度上降低油田的含水水平,控制含水上升速度,限制了注入水在高含水层的产出,大大减少低效无效注入水量,提高了注入水的利用率。采油井堵水后还可以使油田在相同注水倍数下,耗水量减少,地下存水率提高,采出油量增加。

3)改善层间关系,减缓产量递减

在油田已普及抽油开采的条件下,封堵采油井的特高含水层,可以使采油井的流压下降,有效地放大生产压差继续生产。

4)延长采油井开采时间,增加经济合理的产油量

采油井因含水上升达到开采经济界限,往往要采取停采的措施。而经过实施堵水措施后,可以有效地降低全井的含水使其继续生产,采出更多经济上合理的产油量。

2. 采油井堵水后的效果评价

(1)采油井堵水后全井产液量下降,综合含水率下降幅度明显,实际产油量上升或保持稳定。

(2)采油井堵水后,通过分层测试成果资料对比分析,层间干扰减小,压抑层(原动用状况不好的油层)发挥了生产作用。全井产液量上升,综合含水率下降,产油量上升。

(3)采油井堵水后,全井产液量、综合含水率大幅度下降,产油量略有下降。

(4)堵水后随着全井产液量、综合含水率大幅度下降,产油量下降幅度较大,说明剩余油层接替能力较差。但通过配套的措施,对剩余油层进行措施改造(压裂、酸化等),仍能保持堵前全井的生产效果。

上述任一条件和效果均可认为堵水成功、且有效。

四、堵水工艺新技术

1992年大庆油田研究完成"边测边堵层工艺技术",该技术在不动管柱的条件下,完成在机械采油井中任意层段的找水和堵水。

管柱主体部分由丢手堵水管柱、泵抽管柱和井下滑套、电动开关及投捞装置三部分组成。首先用电缆经环空将开关器、压力计和磁性定位器下入丢手堵水管柱内,由地面控制开关器可使任意层段的滑套实现开关,通过泵抽在地面化验分层段含水和产液量。根据录取的分层资料,再用开关器将需要封堵的高含水层段关闭,使其他层段打开,从而在不动管柱的条件下实现测、堵联作。对于不能实现环空起下的大泵井,可将开关器先随泵下入井内,完成测堵后长期悬挂在井下,待下次检泵时起出。

该项技术经在20世纪90年代现场试验和推广应用,取得较好的效果,并使机采井找水堵水工作迈向了一个新的台阶。

第四节　注水井调剖技术

注水井调剖技术,主要是利用机械、化学方法或物理方法来控制高吸水层段的吸水量,有效地减小层间干扰,调整注入剖面。发挥薄差层注水波及油层的作用,改善注水开发的效果。

一、注水井调剖的主要方法

目前注水井调剖主要有机械法调剖、化学法调剖以及物理法调剖三种方法。

1. 机械法调剖

该方法主要通过改变射孔布井方式限流射孔来完成,对尚还未投产的生产井,经过对好、差油层在射孔过程中调节射孔炮眼的大小和孔密,来人为先期地调整注水剖面。

2. 化学法调剖

1）采取注化学药剂的办法

将化学药剂注入高渗透、吸水好的井段,来降低井段水的流动能力,实现选择性的封堵。

2）注水泥封堵的办法

将水泥注入需封堵、吸水好的油层出水孔道,待孔道水泥凝固后,完全封堵住出水的孔道,实现永久性的封堵。

3. 物理法调剖

1）注黏土（泥土）或石灰水等悬浮物的办法

经过注黏土（泥土）或石灰水等悬浮物,使悬浮物中的微小颗粒,进入需封堵的油层井段,达到封堵孔道降低渗滤能力的作用。

2）注大颗粒（锯末、纤维、纸质等）固体的办法

通过注大颗粒（锯末、纤维、纸质等）固体,来封堵渗透性好的油层大孔道或大量进水的漏失层,达到封堵、降低产水量的效果。

3）注原油或重油的办法

对需封堵吸水好的注水层段,注入黏度较高的原油或重油,可降低油层中水相渗透率和流动能力,起到控制产水量的效果。

大庆油田自1996年以来,先后在注水井开展多项调剖技术,其中已在注水井上采用的技术就有以下四种：

（1）体积型聚合物颗粒调剖技术、方法有注水井浅调剖、注水井深调剖技术。

（2）层间长效调剖技术、方法有 YFP – VTP 复合调剖技术、FW 化学调剖技术。

（3）凝胶深度调剖技术、方法有铝交联胶态分散凝胶深度调剖技术、延缓交联凝胶深度调剖技术。

（4）注泡沫调剖技术。

二、调剖井、层的选择

注水井调剖井、层的选择:

(1)层段内油层较多,厚度和渗透率级差较大,因层间干扰造成吸水剖面不均匀;好、差油层因油层夹层小,无法进行细分调整;通过对主要吸水层调剖,可以改善和提高不吸水和吸水差油层的注入量。

(2)全井射开油层多、厚度大。注水层段受工艺条件和测试技术的限制,注水层段已细分五级以上,层段内层间干扰仍影响着不吸水层。通过对高吸水层的调剖,来减少层间干扰,改善和提高不吸水层和吸水差油层的注入量。

(3)厚油层内可细分为两个以上沉积单元,单元间渗透率级差较大,吸水状况不均匀。通过厚油层的化学调剖,可改善层内的吸水剖面,改善和提高不吸水或吸水油层的注水状况。

(4)因套管损坏等原因,无法实施分层注水且层间吸水差异大的注水井。

(5)相邻吸水差的油层有一定的厚度和层数,且与周围采油井连通较好,保证高吸水层调剖后吸水差层吸水厚度和强度能有较大幅度的提高,使周围连通受效采油井的产液剖面得到调整,生产状况得到改善。

(6)调剖井固井及井身质量较好(无窜槽和层间串漏现象),完善程度较高。

三、调剖井施工后的效果评价

注水井调剖后效果的评价标准:

(1)调剖后的处理层吸水指数较调剖前下降50%以上。

(2)改善和调整了注水井的吸水剖面,水驱动用储量增加。通过前后吸水剖面测试成果对比,原吸水好的好油层,吸水量减少;而原吸水差的薄、差层,吸水量明显增加或开始吸水(图6-16,图6-17)。

(3)受注水井调剖后的影响,水驱波及区域内的连通采油井,驱油效率进一步提高。油层产出剖面得到改善,层间矛盾得到有效缓解,产液(油)油层增加。反映在全井(区块)产油量上升,综合含水率下降。

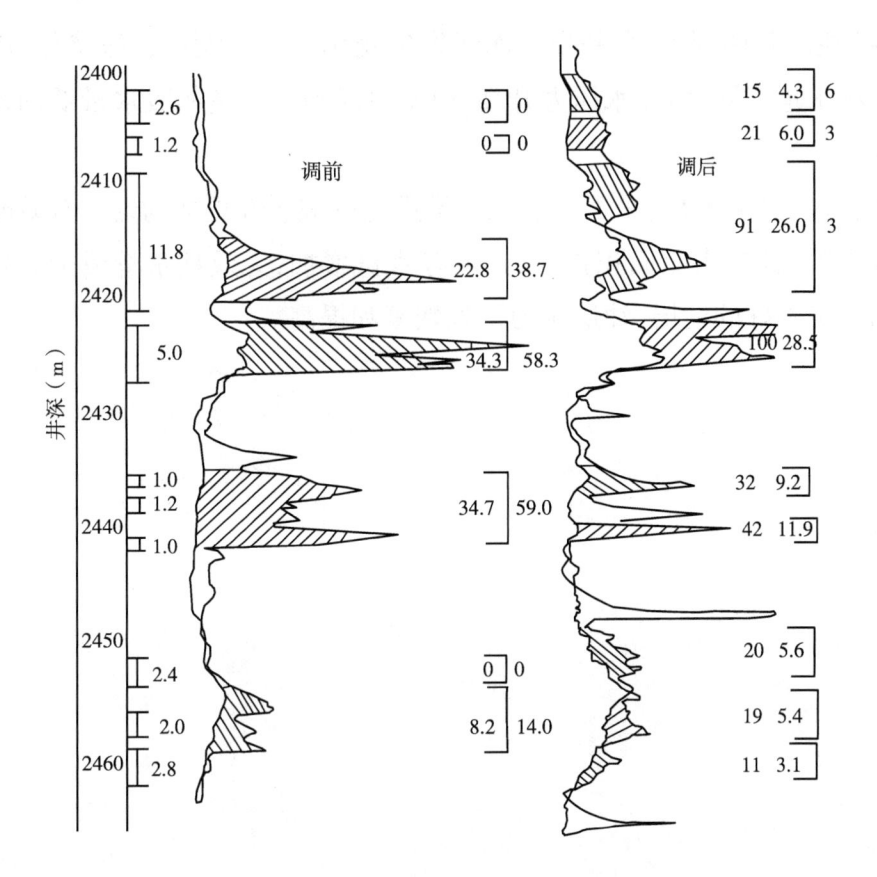

图 6-16 注水井调剖前后吸水剖面对比图

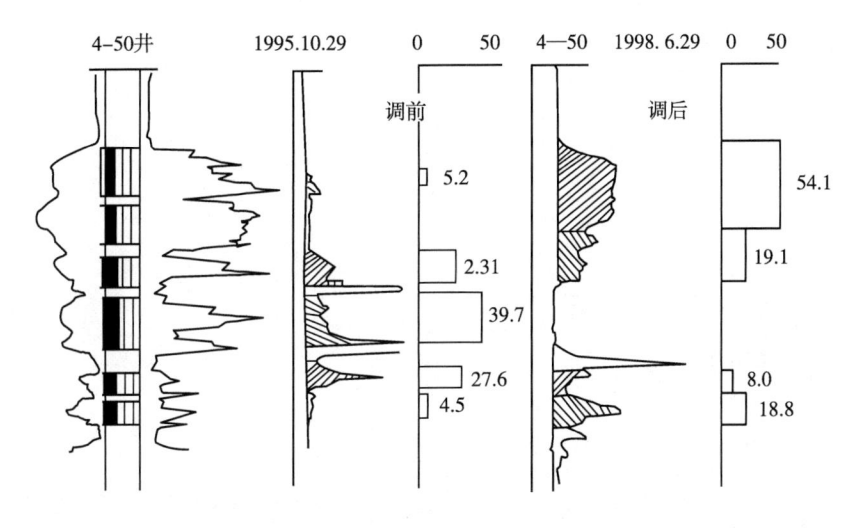

图 6-17 注水井调剖前后吸水剖面对比图

(4)注水井调剖后,全井指示曲线发生变化。由于大孔道被堵住,因此堵水前后注水量相同,但注水压力升高,说明原启动压力高的吸水量低的油层开始吸水。

(5)注水井调剖后,平面上注入水推进速度减缓并更加均匀。有效改变了原注入水的流向,水驱面积扩大,油层存水量增加,无效耗水量减少。采油井原动用状况不好的油层,油层压力得到恢复和提高。

第七章　油田化学驱油技术

化学驱油就是将化学药剂作为驱动剂,注入地下驱动油藏的石油向生产井流动,最终采出地面的过程。

化学驱油技术是通过注入油藏的化学剂,来改善原油—化学剂溶液—岩石之间的物化特性(如:降低界面张力、改善流度比等),进而提高油田最终采收率,它是当今油田开发后期一项有效的开采方法。

目前我国主产油田现场试验、推广、应用较集中的化学驱油方法主要包括聚合物驱油技术、三元复合驱油技术、微生物驱油技术。

第一节　聚合物驱油技术

聚合物驱是一种改善的注水方法。聚合物驱油方法是把高分子量的水溶液聚合物添加到注入水中,使注入液具有黏弹性质,以此来增加水的黏度。在注入过程中通过降低水侵带的岩石渗透率,来提高注入水的波及体积、驱油效率、最终改善驱油的效果。

一、聚合物驱油机理

聚合物驱油机理:首先,它改变了地下油、水的流度比,抑制了注入液体的突进,扩大了驱油面积和波及体积。其次,在扩大波及效率方面,表现为绕流作用和调剖作用;在提高驱油效率方面,表现为黏弹性流体的拖拽作用,驱替盲孔内的原油。

二、聚合物驱油技术的应用效果、经验

聚合物驱油技术在生产综合效果的反映上：由于水的黏度增加，水油流度比的改善，使得不同渗透率油层层段间水线推进不均匀程度缩小，使那些在水驱时不能得到较好动用的油层开始发挥作用。注入井注聚后，可以较好地调整吸水剖面，增加油层的吸水厚度。采出井注聚受效后，则会出现含水率大幅度下降，产油量明显上升。

大庆油田1972年以后，先后在不同的开发区块开展了聚合物驱油矿场试验，试验期间取得了每吨聚合物增油150t、提高采收率10%的好效果。

1996年聚合物驱油技术在大庆油田工业化推广以后，注聚规模不断扩大。截至2007年底，已投入开发区块41个，面积366km^2，聚合物驱油水井数达10665口，建成聚合物配置站17座、注入站190座，形成了年注聚合物干粉16×10^4t的配注系统。聚合物驱2007年的年产油量达1149×10^4t，占油田年总产量的27.6%，已连续六年实现聚驱年产1000×10^4t以上，为大庆油田后续可持续发展作出了重要的贡献。

大庆油田的广大科技人员经过十多年的潜心研究和精细管理，研究形成了完善、配套的一类油层聚驱开采技术。针对一类主力油层注聚结果、生产动态变化特点全过程，总结出聚合物驱在五个不同的开采阶段的生产特点：

第一阶段：水驱空白见效前期。

此阶段是注聚前空白水驱及注聚尚未见效时段，聚合物溶液注入从0~0.05PV，此时的聚合物溶液主要进入开采油层的大、中孔道，油井尚未见效，含水继续上升。

第二阶段：注聚见效及含水下降阶段。

此阶段持续注入聚合物溶液已经达到0.05~0.2PV，注入井的注入压力继续上升，油井含水快速下降，高渗透层油墙逐步形成，注入剖面初步得到改善。产油量比上一阶段增加了3~4.8倍，累积产油量占整个阶段的15%左右。

第三阶段:低含水阶段。

此阶段聚合物溶液注入在 0.2~0.4PV,油井含水降至最低点,产油量达到峰值,产聚浓度开始上升,注入压力上升速度减缓,吸水剖面开始发生返转。累积产油量最高,约占整个阶段的 40% 左右。

第四阶段:含水回升阶段。

此阶段聚合物溶液注入 0.4PV 以上,注聚合物溶液结束,产聚浓度和注入压力在高水平上稳定。油井含水回升,产油量下降,累积产油量占整个阶段的 30% 左右。

第五阶段:后续水驱阶段

此阶段从注聚结束至水驱结束,注入水从高渗透层突破,注入压力下降,采聚浓度继续下降。油井产液能力有所回升、含水上升,累积产油量只占整个阶段的 10% 左右。

"十五"期间,大庆油田的广大科技人员在完成一类油层聚驱开采技术研究的基础上,又开始研发二类油层聚驱开采技术,并加大了三类油层的三次采油技术研究力度,全油田聚驱开采规模进一步的扩大,聚驱的开发效果得到国内外专家、同行的认可,聚合物驱油技术得到较好的普及。

第二节 三元复合驱油技术

三元复合驱油技术是向注入水中按比例加入低浓度的碱、表面活性剂、聚合物三种复合体系注入地层,将残留在地下的剩余油挖掘出来的化学驱油方法。

一、三元复合驱油机理

三元复合驱油机理比较复杂,它集碱水驱、表面活性剂驱、聚合物驱的驱油机理于一体,其机理主要有超低界面张力机理和流度控制机理。

三元复合体系中的碱—表面活性剂—聚合物三种化学剂加入注入液后，可以产生碱与油的反应；水相反应；溶解、沉淀反应；液体与岩石之间的阳离子交换反应；水相与微乳液（胶束）之间的阳离子交换反应；这些反应能较好地降低界面张力及化学剂的吸附，流度也能得到较好的控制。同时，还可有效地改变孔隙中流体的相态和性质，使油层中一部分原先不流动的油流动起来，起到扩大油层波及体积，提高油层驱油效率的作用及效果。

二、三元复合驱油技术的应用效果

我国首次于1993年，在胜利油区孤东油田小井距试验区开展三元复合驱现场试验获得成功，在油田采出程度高达54.0%的条件下，采收率又提高了13.4%。

大庆油田继聚合物驱之后，积极开展三元复合驱油技术的研究。90年代初开始进行室内三元复合驱油试验研究，1994年9月首次在萨尔图油田的中区西部，以后又在杏树岗油田的杏五区进行了先导性矿场试验。"九五"期间又在北一区断西和杏二区扩大了现场试验。同时在小井距试验区还进行了表面活性剂复配，降低主表面活性剂用量的矿场试验。

试验结果表明，区块增油降水效果明显，比单纯注水驱油提高采收率20%以上（表7-1）。

表7-1 大庆油田三元复合驱试验结果

试验区块及试验内容	注入时间（年、月）	结束时间（年、月）	累积注入（PV）	比水驱提高采收率（%）
中区西部先导性矿场试验	1994年9月	1996年5月	化学剂0.603PV	21.4
杏五区中块先导性矿场试验	1995年1月	1997年4月	化学剂0.67PV	25.0
杏二区西部扩大性矿场试验	1996年9月	目前后续水驱		19.24
北一区断西矿场试验	1997年3月	目前后续聚合物保护段塞		预计提高20.0%以上
小井距生物表面活性剂先导性矿场试验	1997年12月	1998年12月结束	化学剂0.741PV	23.24

大庆油田杏二区西部三元复合驱试验区,是国家"九五"的重点攻关项目,经过3年的现场试验,取得较好的增油降水效果。

试验区面积$0.3km^2$,采用4注9采五点法井网,注采井距200m,目的层葡 $I3_3$层。1995年末开始基建,1996年5月开始水驱空白试验,9月28日注入前置聚合物调剖段塞后进行三元主段塞注入。

试验区注三元体系在0.097PV后,油井陆续开始见效。注入0.33PV时,8口油井见到增油降水的效果,其中5口含水已经100%的井也同时见效。8口井与见效前对比,日产液由1276t下降至945t(降低产液331t);日产油由24t上升至88t(日增油64t);综合含水由98.0%下降到90.6%(下降7.4%)。

中心井杏2-2-试1井见效最为明显,含水率由注前100%,下降至受效时50.7%,下降了49.3个百分点,日产油量由不出油0t增加到29t,含水在50.0%~70.0%期间保持稳定了12个月。

三元复合试验区的试验成功,为今后三次采油方法的选择及应用,提供有效的借鉴经验。

第三节 微生物驱油技术

微生物驱油方式是以水为载体将微生物注入油层,利用微生物在地下传播、繁殖、代谢过程来改善原油性质,并产生出有利于驱油的活性物质,以其特定对稠油的降黏作用来改善稠油的流动性,从而提高采油井的产量。

一、微生物驱油机理

微生物驱油机理主要是改变原油的性质与原油的环境。首先,它改变原油碳链组成,降低原油的黏度;产生生物表面活性剂,降低油水界面张力。其次,它改变油藏岩石润湿性,产生生物气改善流度比,降低原油黏度,提高原油流动能力。产生酸及有机溶剂,增加孔隙度提高渗透率。它可以产生生物聚合物,有效选择堵塞油层大孔道。

适宜的微生物注入油层后,微生物会在油层中活动和繁殖。在油藏中有的可以生成有机酸和表面活性剂以及聚合物,有助于提高水驱油的效率;有的能在油藏中产生大量的气体,包括气态烃和二氧化碳,可作为驱油的动力;有的在油藏中能消耗分子量较高的烃类从而降低原油的黏度,增加其流动性能;有的在油藏中可产生高黏物质堵塞部分大的孔道,从而使水驱油在中等或较小的孔道内作用得到加强。

大港油田在聚合物失效后尝试注微生物菌液,获得提高采收率0.5%~3.0%,每吨微生物增油达94t的好效果。

二、微生物驱油方法

当前国内外开展的微生物驱油方法主要有三种。

1. 微生物强化水驱

此种方法有两种注入方式,一是直接在油井中注入,然后关井数日开井,随着油气一起采出的微生物吞吐开采。另一种是将菌种和营养液混合而成的微生物处理液由注水井注入地层,由微生物代谢作用产生出的溶剂、表面活性剂、有机酸、二氧化碳和繁衍出的新细菌,通过物理化学作用将岩石孔隙中原不能流动的原油,以油水乳化液的形式由注入水将其驱向生产井。

2. 激活油藏内本源菌微生物驱

此种方法,是在油田开发过程中随含有大量细菌的注入水注入油层。由于注入细菌种类的不同,有的在油层不适应的环境下死亡,有的转入休眠状态,也有的适应油层环境缓慢生长和代谢。这些适应环境代谢的细菌有益于油层内原油的流动,可提高原油的动用程度。

3. 微生物的调剖

此种方法,是把能产生生物聚合物的微生物注入地层,或者向地层注入适量的营养液,使微生物在高渗透油层内大量繁殖形成生物多糖(营养液的输送,菌种细胞大量繁殖,代谢产出蛋白质与多聚糖复合物),可起到封堵高渗透层、选择性调整油层剖面的作用及效果。

目前,我国和美国应用的微生物驱油方法,主要是第一种强化水驱的方法。

三、微生物注入要求、选井条件

目前油田微生物的注入,相关要求主要是指注入浓度和注入程序上的部分规定。

1. 微生物注入要求

1)注入浓度

目前全国各油田室内实验做微生物驱油的浓度为0.3%~0.5%。现场使用的浓度要求为0.5%~0.6%。因为微生物的繁殖速度大约每4个小时,可以增加体积一倍。使用0.5%的浓度,可在大约30个小时左右变成饱和的含菌体。

2)注入程序

微生物注入要求按照三个段塞分别注入:第一个微生物段塞按0.5%的浓度计算,注10d;第二个微生物段塞按0.3%的浓度计算,注10d;第三个微生物段塞同按0.3%的浓度计算,注10d。

微生物关井反映时间不超过三天,使用设备一般一台泵车配两个罐车即可,一天可以施工2~5口井。每周或每一个月左右,根据方案设计要求还可补充追加注微生物一次。

2. 注微生物的选井条件

按照我国微生物采油成功矿场试验,实施微生物采油应优先考虑以下条件:

(1)温度低于40℃的低温油藏,大多数微生物适应生长的温度在25~30℃,在此温度下微生物存活的种类也最多。

(2)地面脱气油黏度在500~5000mPa·s,流度比差异比较大的普通稠油。微生物对此类原油可有效降低原油黏度,提高流动能力。

(3)含蜡的采油井地下开采出的原油,随温度的降低会在井筒结蜡。微生物可以降解和减少原油中蜡的含量,还可以使代谢产物中的活性剂抑制和防止蜡的析出。

(4)含水小于80%的断块小油田,断块面积小、油层非均质严重的油田,适合微生物驱油。

大庆油田在萨尔图油田过渡带1990年开展利用微生物地下发酵提高采收率矿场试验,根据室内实验结果,确定以下三项为选井条件:

(1)能保证正常生产的稠油井。

(2)油层发育状况较好的油井。其中,油层厚度不小于5m,渗透率不小于$300 \times 10^{-3} \mu m^2$。同时,油层性质较好,易于微生物的注入和采出,也易于微生物的扩散迁移。

(3)采油井地下、地面设备完好,交通方便,有利于施工。

辽河和胜利油田应用微生物采油,它们的选井条件有五项。

(1)原油中的含蜡量大于3%(最好大于5%);

(2)含水率10.0%~98.0%(最好25.0%~95.0%);

(3)矿化度20×10^4mg/L(最佳10×10^4mg/L);

(4)地层温度120℃(最佳77℃)以下;

(5)注入井周围没有干扰作用(包括注水、注蒸汽等),施工前所选井生产状况稳定、地面生产设施完好等。

四、微生物驱油的主要作用、应用效果

1. 微生物驱油的主要作用

微生物驱油技术在油田上实施,可以起到以下四个方面的作用:

(1)解堵作用。微生物菌体在油层上的吸附,减小了颗粒与岩石的作用力,起到疏通孔道、提高渗透率的作用。

(2)改变岩石性质。微生物产生的表面活性剂使烃类乳化,有效地改变了岩石表面的憎水性。因为微生物产生的表面活性剂易溶于水,在油水界面上具有较高的表面活性物质,其分散能力在固体表面吸附少,能在岩石表面洗掉油膜,增强驱油能力。

(3)降低界面压力差。微生物代谢产物可以激活、移动岩石表面固结、滞留原油的边界层,降低注水压力梯度,改善油、水渗流规律。减小毛细管力的影响,降低残余油饱和度。

(4)不堵塞油层。微生物可以被生物降解,故也不会堵塞油层孔道。因为微生物在向食源繁殖的过程中,会"自然选择"易于繁殖的方向和油层孔道发展。微生物可在合适的条件下,以数小时分裂一次方式繁殖,能在有利的方向上很快发展。

微生物采油技术在油田应用的结果表明:它减小了水驱过程中的渗流阻力,有效改善了注入井的吸水剖面,油层动用程度得到明显改善,对提高油田采收率(EOR)起到较好的作用(表7-2)。

表7-2 不同产物的微生物对提高油田采收率所起到的作用

微生物	作 用
酸类	调整或改善储集层;提高孔隙度和渗透率;与钙质岩层起反映生成 CO_2
生物质	选择性或非选择性封堵;通过附着于径上而起乳化作用;调整固体表面,如润湿;原油降解和蚀变;降低原油黏度和原油含蜡量;使原油脱硫
气体(CO_2、CH_4、H_2)	使油藏恢复压力;使原油膨胀;降低黏度;由于碳酸盐岩被 CO_2 溶解而提高渗透率
溶剂	使原油溶解
表面活性剂	降低界面张力
聚合物	流度控制;选择性或非选择性封堵

2. 微生物驱油技术现场的应用效果

1)微生物吞吐试验区注入效果

大庆葡北油田,2005年11月开展了微生物吞吐试验。试验区共有10口井,开采层位葡Ⅰ组油层,油层开采有效厚度在3~10m,渗透率在 $300 \times 10^{-3} \mu m^2$ 以下。10口井注微生物前的生产能力较低,平均日产液量小于20t,含水在30%~90%之间。

11月2日开始注微生物历时3d,10口井共注菌液40t。关井3d后开井正常生产,四周后即见到明显效果。10口井注微生物前后对比,日产液量由注前的97t,增加至注后的139t,日增加产液量42t;日产油量由24.9t,增加至

36.4t,日增加产油量 11.5t;含水率由 74.4%,降至 66.9%,含水率下降 7.5%(图 7-1)。

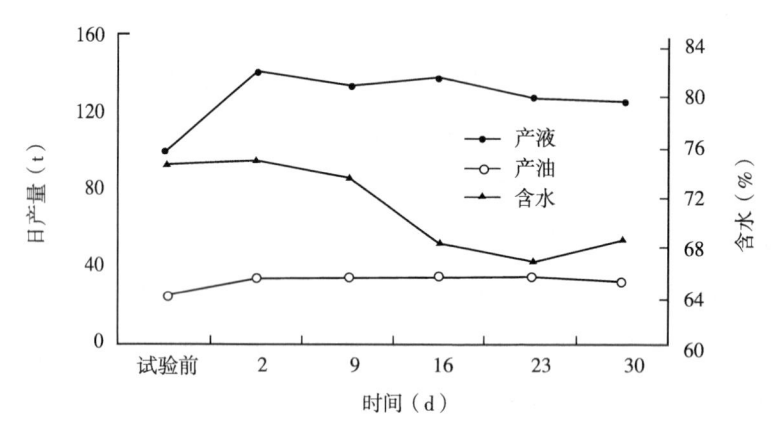

图 7-1 葡北 10 口井微生物吞吐生产曲线

效果较好的葡 67-78 井,注微生物前日产液 19t,日产油 2.7t,含水 86.0%,注后日产液达到 44t,最高 48t。日产油 5t,含水 80.0%。对比注微生物前后效果,日增产液量 29t,日增产油量 2.3t,含水率下降 6.0%。

同样受效较好的葡 10-1-57 井,注微生物前日产液 9t,日产油 3.6t,含水 64.0%。注微生物见效后日产液量增加至 25t,日产油增加至 8.6t,含水降至 64.0%。本井注微生物前后日增产液量 16t,日增油量 5t,含水率保持稳定。

2)微生物驱试验区注入效果

2004 年 6 月大庆在朝阳沟油田 50 区开展了微生物驱矿场试验,也取得了较好的生产效果。

试验区共有注入井 2 口,10 口采油井。开采层位为扶余油层,单井平均开采油层有效厚度为 10.7m,注采井距 125~210m。

2004 年 6 月至 9 月和 2004 年 12 月至 2005 年 2 月,两口注入井分两次完成了两个段塞的注入过程。每个段塞微生物菌液的用量为 125.2t,共注入菌液 250.4t。菌液浓度第一段塞为 5%,第二段塞为 2%。单井日注入菌液 1.5t,菌液注完后正常注水。

经过近一年的生产和效果观察,2005 年 11 月底 10 口采油井中的 6 口井见效。日产液量由见效前的 50.7t 上升至 68.3t,日产油量由 24.7t 上升到

40.8t,含水由46.8%下降至40.3%。注微生物前后对比日增产液量17.6t,日增产油量16.1t,含水率下降6.5%。

距两口注微生物井中间的朝61-Y125采油井,受效前后对比,日产液量由4.0t提高至18.7t,日增产液量14.7t;日产油量由0.2t提高至10.8t,日增产油量10.6t;含水由95.0%降至42.4%,含水率下降了52.6%(图7-2)。

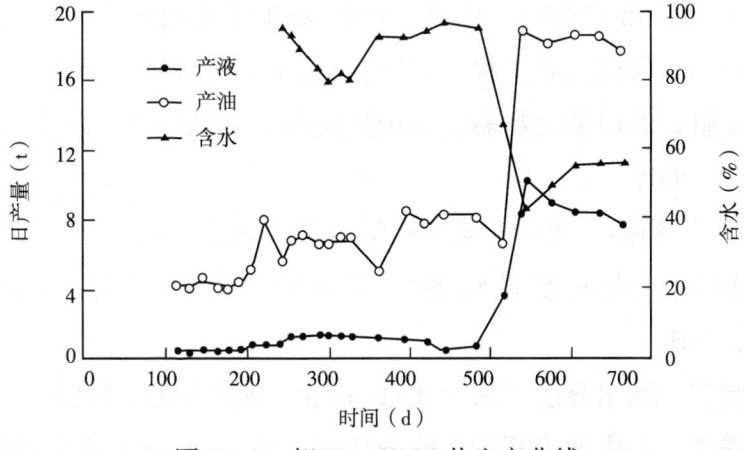

图7-2 朝61-Y125井生产曲线

与注入井较近的朝62-122井,见效前后对比,日产液量和日产油量分别由见效前的1.2t和1.0t提高至10t和9.7t,也见到明显的增油降水的效果(图7-3)。

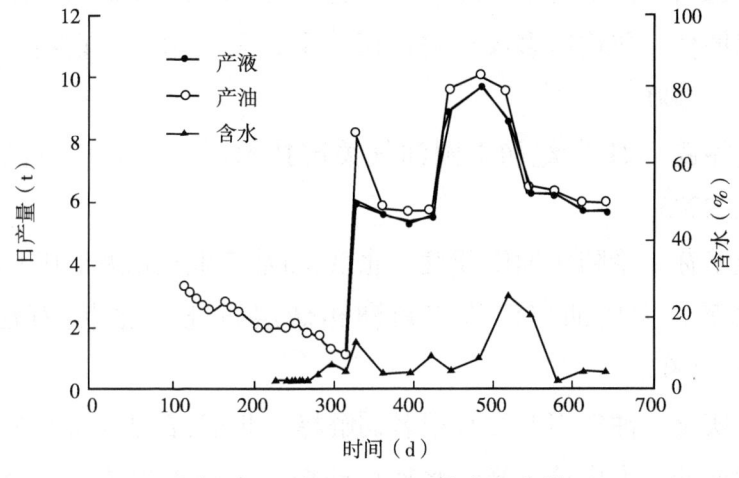

图7-3 朝62-122井生产曲线

参 考 文 献

[1] 陈元千. 现代油藏工程. 北京:石油工业出版社,2001.

[2] G. 鲍尔. 威尔海特. 注水. 北京:石油工业出版社,1992.

[3] 金毓荪. 采油地质工程. 北京:石油工业出版社,2003.

[4] 于宝新. 油田聚合物驱油知识岗位员工基础问答. 北京:石油工业出版社,2005.

[5] H. C. 斯利德. 实用油藏工程学方法. 北京:石油工业出版社,1982.

[6] 王德民. 走向新世纪的大庆油田开发. 北京:石油工业出版社,2001.

[7] 金毓荪. 油田分层开采. 北京:石油工业出版社,1985.

[8] 巢华庆. 大庆油田开发实践与认识. 北京:石油工业出版社,2000.

[9] 刘丁曾. 大庆多层砂岩油田开发. 北京:石油工业出版社,1996.

[10] 邱永松. 大庆油田开发技术要点与稳产措施. 北京:石油工业出版社,2003.

[11] 刘德绪. 油田污水处理工程. 北京:石油工业出版社,2001.

[12] 胡博仲. 非均质多层砂岩油田分层开采技术. 北京:石油工业出版社,2000.

[13] 刘振武. 21 世纪初中国油气关键技术展望. 北京:石油工业出版社,2003.

[14] 金毓荪. 论陆相油田开发. 北京:石油工业出版社,1997.

[15] 隋军. 大庆油田河流三角洲相储层研究. 北京:石油工业出版社,2000.

[16] 叶庆全. 油气田开发常用名词解释. 北京:石油工业出版社,2002.

[17] 胡博仲. 大庆油田高含水期稳油控水采油工程技术. 北京:石油工业出版社,1997.

[18] 王乃举. 中国油藏开发模式总论. 北京:石油工业出版社,1999.

[19] 王德新．完井与井下作业.北京:石油大学出版社,1999.

[20] 胡博仲．低渗透油田增效开采技术.北京:石油工业出版社,1998.

[21] 胡博仲．国外近期采油工程技术选编.黑龙江:黑龙江人民出版社,1995.

[22] 李道品．低渗透砂岩油田开发.北京:石油工业出版社,1997.

[23] 王玉普．大型砂岩油田高效开采技术.北京:石油工业出版社,2006.

[24] 张建,等.世界石油开采技术新进展.上海:辞书出版社,2005.

[25] 万仁溥．采油工程手册.北京:石油大学出版社,2000.

[26] 于宝新．油田开发专业技术知识精度本.北京:石油工业出版社,2004.

[27] 陈涛平,等．石油工程.北京:石油工业出版社,2005.

[28] 杨承志．化学驱提高石油采收率.北京:石油大学出版社,1999.

[29] 于宝新．油田三元复合驱油知识岗位员工基础问答.北京:石油工业出版社,2007.

[30] 康万利．大庆油田三元复合驱化学剂作用机理研究.北京:石油工业出版社,2001.

[31] 廖广志,等．大庆油田博士后优秀论文集.北京:石油工业出版社,2001.

[32] 李杰训,等．聚合物驱油地面工程技术.北京:石油工业出版社,2008.